服装高等教育"十二五"部委级规划教材（本科）

服饰品陈列设计

金 僡 主 编
周 兮 副主编

中国纺织出版社

内 容 提 要

本书从服饰品陈列设计的基本原理入手，以服装和配饰的实体店陈列设计为主要内容，分别对服装和配饰类的陈列进行讲解。整本书的基本理论、图片和文字说明相辅相成，再结合大量的公司案例，全面地讲述了服饰品陈列空间设计、色彩要素、灯光要素、橱窗以及基本表现等内容。书中收集了大量经典的服饰品陈列图片，务求让读者学习到更多的陈列方案。

本书既可以作为高等院校服饰品设计类专业学生的教科书，也可供相关从业人员参考借鉴。

图书在版编目（CIP）数据

服饰品陈列设计／金憶主编． --北京：中国纺织出版社，2014.1（2022.8重印）

服装高等教育"十二五"部委级规划教材.本科

ISBN 978-7-5180-0038-8

Ⅰ.①服… Ⅱ.①金… Ⅲ.①服饰—陈列设计—高等学校—教材 Ⅳ.①TS942.8

中国版本图书馆CIP数据核字（2013）第218673号

策划编辑：华长印 责任编辑：魏 萌 特约编辑：孙成成
责任校对：余静雯 责任设计：何 建 责任印制：何 艳

中国纺织出版社出版发行
地址：北京朝阳区百子湾东里A407号楼 邮政编码：100124
销售电话：010—67004422 传真：010—87155801
http://www.c-textilep.com
E-mail：faxing@c-textilep.com
天津千鹤文化传播有限公司印刷 各地新华书店经销
2014年1月第1版 2022年8月第4次印刷
开本：787×1092 1/16 印张：10.75
字数：118千字 定价：49.80元

出版者的话

《国家中长期教育改革和发展规划纲要》中提出"全面提高高等教育质量"，"提高人才培养质量"。教育部教高[2007]1号文件"关于实施高等学校本科教学质量与教学改革工程的意见"中，明确了"继续推进国家精品课程建设"，"积极推进网络教育资源开发和共享平台建设，建设面向全国高校的精品课程和立体化教材的数字化资源中心"，对高等教育教材的质量和立体化模式都提出了更高、更具体的要求。

"着力培养信念执着、品德优良、知识丰富、本领过硬的高素质专业人才和拔尖创新人才"，已成为当今本科教育的主题。教材建设作为教学的重要组成部分，如何适应新形势下我国教学改革要求，配合教育部"卓越工程师教育培养计划"的实施，满足应用型人才培养的需要，在人才培养中发挥作用，成为院校和出版人共同努力的目标。中国纺织服装教育学会协同中国纺织出版社，认真组织制订"十二五"部委级教材规划，组织专家对各院校上报的"十二五"规划教材选题进行认真评选，力求使教材出版与教学改革和课程建设发展相适应，充分体现教材的适用性、科学性、系统性和新颖性，使教材内容具有以下三个特点：

（1）围绕一个核心——育人目标。根据教育规律和课程设置特点，从提高学生分析问题、解决问题的能力入手，教材附有课程设置指导，并于章首介绍本章知识点、重点、难点及专业技能，增加相关学科的最新研究理论、研究热点或历史背景，章后附形式多样的思考题等，提高教材的可读性，增加学生学习兴趣和自学能力，提升学生科技素养和人文素养。

（2）突出一个环节——实践环节。教材出版突出应用性学科的特点，注重理论与生产实践的结合，有针对性地设置教材内容，增加实践、实验内容，并通过多媒体等形式，直观反映生产实践的最新成果。

（3）实现一个立体——开发立体化教材体系。充分利用现代教育技术手段，构建数字教育资源平台，开发教学课件、音像制品、素材库、试题库等多种立体化的配套教材，以直观的形式和丰富的表达充分展现教学内容。

教材出版是教育发展中的重要组成部分，为出版高质量的教材，出版社严格甄选作者，组织专家评审，并对出版全过程进行跟踪，及时了解教材编写进度、编写质量，力求做到作者权威、编辑专业、审读严格、精品出版。我们愿与院校一起，共同探讨、完善教材出版，不断推出精品教材，以适应我国高等教育的发展要求。

中国纺织出版社

教材出版中心

前言

　　陈列作为一种人类古老的商业行为模式，可以在各个部落对自然图腾的崇拜和祭祀活动中观其起源。在原始的商业活动中，如何有效地传达商品的信息，成为人们所思考的重要问题。随着商业竞争的日趋激烈，陈列已经由早期的简单形式、自发形式发展为综合运用现代美术、灯光、音乐、建筑、室内装潢等学科的一种有目的、有组织的传播活动。

　　服饰品陈列设计是陈列设计中极具特色的一个学科。随着人们生活水平的提高，服饰品已经成为人们消费的一个重要分支。人们需要享受这个消费的过程，所以服饰品信息的发布推广促使服饰品陈列日趋艺术化，并在我国的商业活动中扮演着相当重要的角色，也成为一道亮丽的风景线出现在城市的各个地方。

　　目前，伴随着现代陈列在我国的蓬勃发展，有相当数量的国内艺术院校意识到了该学科的重要性，也开始设置了相关的课程。然而，即使有关陈列设计的书籍相当丰富，但服饰品陈列作为陈列学科中的一个重要组成部分，针对此领域的专业书籍还是相对较少，尤其是适合艺术专业类院校学生学习的教材就更是稀缺。为了适应市场的需求，也为了满足我国高等院校服饰品陈列课程教学的需要，在充分借鉴、吸纳前人和同行们已有成果的基础上，我们将平时在教学和社会实践中的积累整编成此教材。期待本书能对教学和学习该课程的师生们有所帮助。

　　本书由华南农业大学金憓教授和周兮老师编写；相关插图由华南农业大学2009级服装设计专业学生梁国华绘制，并负责后期的整理文字工作。本书的编写得到了华南农业大学艺术学院领导及老师的热情帮助和大力支持，在此表示衷心的感谢！

　　此外，还要特别感谢为本书提供真实案例的服装品牌例外、卡宾、摩高、叶狄纳、伊维斯，感谢这些品牌在编书过程中提供的帮助。本书部分采用了学生的作业图片和其他媒介图片，其中查无出处的在此一并感谢。

　　服饰品陈列设计作为一门课程开设的时间有限，教学经验也尚浅。由于编者学识水平和眼界的局限，书中不妥之处望各位专家、读者批评指正。

编　者

2012年12月　于华南农业大学

教学内容及课时安排

章/课时	课程性质/课时	节	课程内容
第一章（2课时）	基础理论及研究（2课时）		·服饰品陈列概述
		一	陈列的概念
		二	现代服饰品陈列的市场价值
第二章（6课时）	专业理论及专业知识（26课时）		·服饰品陈列的基本要素
		一	陈列设计的形式美法则
		二	人体工程学在陈列中的运用
		三	服饰品陈列的色彩要素
		四	服饰品陈列的灯光要素
第三章（6课时）			·服饰品店卖场空间设计
		一	服饰品店卖场空间感营造
		二	卖场空间陈列设计方法
		三	卖场内部区域设计
		四	卖场外观设计
第四章（8课时）			·服饰品陈列技巧及相关道具应用
		一	服饰品陈列形式
		二	突出看点的陈列技巧
		三	陈列道具应用
第五章（6课时）			·橱窗
		一	橱窗视觉艺术的意义
		二	橱窗的分类
		三	让商品自己说话
		四	橱窗设计的手法
		五	如何将橱窗布置成舞台剧
		六	橱窗陈列设计案例欣赏
第六章（4课时）	专业知识及专业技能（4课时）		·服饰品陈列设计制作及实施
		一	满足陈列设计的条件
		二	服饰品陈列设计表现技法
		三	陈列设计手册制作

注　各院校可根据自身的教学特点和教学计划对课程时数进行调整。

目录

基础理论及研究——

服饰品陈列概述

课程名称： 服饰品陈列概述

课程内容： 1．陈列的概念

2．现代服饰品陈列的市场价值

上课时数： 2课时

教学目的： 通过对陈列市场价值的学习，帮助学生了解陈列的重
要性。

教学方法： 文字讲解与图片介绍相结合。

教学要求： 1．通过讲解，使学生掌握陈列的发展历史。

2．结合陈列的发展，使学生了解服饰品陈列这种商业模
式的必要性。

课前准备： 选择国内外优秀的陈列设计图片，研究具有代表性的
陈列模式。查阅有关陈列在市场中发挥重要性的资
料，并能在教学中进行论述。

第一章　服饰品陈列概述

陈列设计是工业革命的产物，距今已有一百多年的发展历史。从风靡一时的皇宫内部装饰到后来风起云涌的商业化商品陈列装饰艺术的诞生，标志着新型商业社会商品经营时代的到来。商品陈列就是一个无声的推销员，所起的推销作用比任何媒介都强且有力。我国服饰品行业的迅速发展，众多相关企业面临着产品同质化的严峻考验，因此，多方位、个性化的服饰品陈列备受关注。

第一节　陈列的概念

一、陈列的起源

陈列是一种古老的行为，是自然赋予人类生物的生存本能，是以传递信息为基本目的而存在的。当然，人类的陈列行为除了生存本能外，还融入了更多的社会因素。商业目的的展示可以追溯到上古时期，社会发展导致社会分工，继而产生了剩余产品，进一步出现了产品交换的商业行为。为了使交换顺利进行，就要使商品看上去更富吸引力。所有者将最好的商品置于最显眼的位置，以便把商品的信息传递出去，这也成为最早的商业展示。无论是出于本能还是出于社会因素，所有的展示都是在显示自己的物质形象和精神内涵，这是一种有目的的向外界传递信息的行为。

二、服饰品陈列的含义

陈列是一门综合的艺术，是广告性、艺术性、思想性、真实性的集合，是消费者最能直接感受到的时尚艺术。在《现代汉语词典》里，对陈列的释义为"把物品摆放出来给人看"。显而易见，陈列的释义强调了物品摆放这一动作特征，既含有以个人主观能动性为主体的信息传递方式，还含有利用人体其他感官接受信息的多种方式。现阶段，我国对服饰品陈列有了更加准确的定义，即通过对服装或配饰品的橱窗、货架、通道、模特、灯光、色彩、音乐、海报等一系列商品陈列设计元素进行有目的、有组织的科学规划，将商品和品牌的物质形象与精神内涵传递给受众的创造性意识活动，从而达到促进商品销售、提升品牌形象的一种艺术手段，是服饰品终端销售场所最有效的营销手段。

时至今日，服饰品陈列设计作为服饰品设计规划的组成部分，是围绕服饰品和品牌展开的展示行为。在陈列设计过程中，设计师对商品进行装饰、搭配，达到展示造型整体风格、提升品牌形象、传达品牌文化内涵的目的。无论服装还是配饰品，即使本身的款式、色彩、质地再精彩，如果没有恰当的展示方法或表现形式，那么它就很难给消费者以完美的视觉享受。因此，好的陈列设计必须考虑服饰品的个性特点、功能、外观、色彩等各方面的元素，从空间构成、色彩搭配、款式组合、情景营造、品牌文化等多方面着眼，将商品进行丰富或延伸，加强其表现力并融入新的内涵，实现以商业为目的服饰品陈列设计过程（图1-1、图1-2）。

图1-1　爱马仕（Hermès）品牌色彩主题橱窗陈列

图1-2　卖场内部陈列

三、服饰品陈列中的产品构成

服饰品在这里包括服装和配饰品。服装泛指男装、女装、童装、婴儿装等；配饰品是指服装之外、参与完成着装状态的一切附属品，包括头饰、颈饰、胸饰、腕饰等。在现代生活中，随着人们审美情趣的不断提高，服装与配饰品是相互依存，配饰品成为服装搭配中不可或缺的重要内容。

配饰品可以分为三大类，首先是头饰品。头饰品是指在头部使用的服饰品，如发卡、发箍、帽子、眼镜、耳环等，其中帽饰最有代表性。帽饰的种类较多，造型和材料各异，兼具实用性和装饰性的功能。根据搭配服装的风格，它可分为运动帽、休闲帽、时装帽、礼帽等，这是在陈列时与服装搭配的重要元素。其次是上肢饰品，也就是将适用于人体上半部分的服饰品统称为上肢饰品。这类服饰品包括的内容最多，如围巾、披肩、项链、胸针、手套、手链、戒指等装饰人体胸部以上部分为视觉中心的饰品。特别要指出的是包袋这类服饰品，在此把它归纳为上肢饰品。包袋是服装陈列设计中运用最为广泛的一种服饰品，其陈列的装饰性最强。最后是下肢饰品，也就是与上肢饰品相对应的装饰下肢区域的，包括腰带、鞋袜等在内的配饰。这部分服饰品陈列的装饰性较弱，但是实用性较强，能够更好地体现服饰的层次感和完整性。

在陈列中，大致可以分为三种类型：第一种相对来说品类比较单调，就是服装店的陈列，这种店铺中只有服装类的商品；第二种是配饰店的陈列，包括金银珠宝的店铺或专门售卖鞋子、箱包的商店；第三种则是服饰品百货店的陈列，其特征往往表现为店面较大、货品较齐全，呈现品牌整体风格的特征。货品除了基本的服装，还有相关的配饰，如墨镜、围巾、皮带等，这种店面是目前市面上采用较多的形式，因为它货品丰富且容易组合（图1-3~图1-5）。

图1-3　服装店陈列

图1-4　配饰品陈列

图1-5 老佛爷百货商店店内陈列

第二节 现代服饰品陈列的市场价值

一、陈列对消费者的作用

影响消费者消费行为的因素十分复杂，包括个人、环境和营销等因素，而陈列是服饰品推广中一个非常重要的因素。它主要是通过品牌陈列方法的不断创新，设计良好的陈列柜台、橱窗，给消费者留下更深刻的印象以吸引消费者的注意，进而引起购买欲望。

现代服饰品企业进行品牌卖场陈列设计的最终目的是，通过独特的服装及饰品的陈列，吸引消费者的眼球，推动消费者对商品和品牌产生好感并最终购买该品牌的商品。因此，消费者既是服装及饰品陈列的接受对象，又是所陈列商品的购买者，而且有可能将来成为该品牌的忠诚购买者。

由于消费者是服饰品终端陈列作用的对象，因此可以说陈列发挥作用的大小是由消费者最终的购买行为决定的。只有符合消费者的心理和消费行为特点，陈列才可以取得预期的效果。消费者的需求动机、消费习惯和购买行为等特征是决定品牌陈列策略的最基本的依据。作为一种营销手段，我们所做的陈列设计必须向消费者表达出一个中心思想，即清楚地为消费者呈现陈列商品的独特之处。例如，陈列服装可以强调它们的款式造型，陈列珠宝首饰可以突出它们的品质或质地，鞋子、箱包则可以突显出它们的轮廓造型。此外，商家也需要通过陈列来告知消费者购买该商品可以获得什么样的利益，而这种独特的利益是同类竞争对手做不到或无法提供的，这样才能吸引消费者购买相应的服饰品。因此，只有符合消费者心理的陈列设计，才能刺激并打动消费者并促进购买。

服饰品陈列的主要目的是为消费者营造一个良好的购物环境，刺激消费者使其产生即时的兴趣以及购买欲望。所以，我们可以将服饰品卖场陈列对消费者消费行为的影响概括为"AIAD"。所谓AIAD，就是指在商品营销活动中，顾客在面对商品时所产生的一系列意识活动，具体为注意（Attention）、兴趣（Interest）、行动（Action）和愿望（Desire）。

（一）引起注意

意识集中于特定的物体或概念上就是注意，"注意"这种心理现象明确地表示了人的主观意识对客观事物的警觉性和选择性。显而易见，消费者无论在商场还是路边的品牌专卖店都会自觉或不自觉地接受着各式各样的陈列所呈现给他们的信息。在对各式陈列的认知过程中，人们接触这个领域往往都是处于被动的地位。由于陈列本身的吸引力或无意识的关注，使得商品有可能被消费者记住。因此，成功的服饰品陈列首先要引起消费者的注意。一旦消费者注意到陈列的服饰品，就等于你的商品推销出去了一半。但是，消费者并不会对外界的信息全部接受，而是只接受自己认为重要的信息，并把不重要的信息过滤掉。

那么，消费者通常能注意到哪些服饰品陈列呢？研究表明，具有以下特性的服饰品陈列更能引起注意，这些特性：实用性、支持性、刺激性和娱乐性。实用性是指消费者可以从服饰品陈列中意识到他们的需求，或者为他们的购买决策提供信息。例如，在陈列过程中，商品往往是搭配陈列的，这就让消费者可以通过陈列联想到自己已经拥有的商品，并对之做出意向搭配，产生购买的欲望。支持性是指人们往往对支持自己的观点和行为的信息感兴趣。刺激性是指对新颖和意料之外的信息感兴趣。娱乐性是指个体对自己感兴趣的信息更给予重视。

（二）激发兴趣

兴趣是一个人积极探究某种事物及爱好某种活动的心理倾向。它是人们认识需要的情绪表现，反映了人对客观事物的选择性态度。实际上，兴趣是一种表现方式，与人们直接或间接的需要有关。服饰品陈列通过直接或间接的视觉艺术刺激消费者，激发他们的需求，进而对店内商品产生兴趣。

当一个人对某种事物感兴趣的时候，就产生接近这种事物的倾向，并积极参与相关活动，表现出乐此不疲的极大热情。当消费者被强烈的色彩、造型、灯光等陈列构成元素感染时，就会逐渐产生兴趣，从而将这种喜爱转化为拥有该商品的动力。

（三）诱发购买欲

人的欲望是生产和消费赖以存在与发展的重要内驱力，各个服饰品品牌利用一切手段打动自己的目标消费者，使他们产生购买商品的意愿，然后按照商家的预定目标实现购买行为。要想达到这个目标，就要求每个商家把服饰品陈列等营销策略作为重点策划内容，吸引广大消费者。

例如，有的品牌十分注重商品陈列与灯光、音乐的搭配，尽量让顾客心情得以舒缓，进而轻松地购物，因此带有情感意味、富有个性的服饰品陈列环境对追求时尚的消费者更具吸引力。具有情感意味的服饰品陈列能够满足消费者的情感诉求，通过以情动人的方式激起人们的购买欲望。这种陈列设计能够对消费者的视觉、听觉及心理产生巨大的冲击力，进而对所展示的服饰品产生亲切感，最终做出购买决策。

（四）深化记忆

顾客的购买行为，不是一个瞬间的行为，而是一个完整的系列过程。这一过程早在购买行为发生之前就已经开始，且在购买行为完成后也不会终止。顾客的购买决策施行即购买行为是顾客行为最重要的环节，顾客对商品信息进行分析比较后，即形成购买意向，这种意向驱动购买行为。

在这一阶段，各个服饰品牌都煞费苦心，通过广告宣传、商品陈列来向顾客提供相关的情报，让顾客掌握和了解这些信息，借以对品牌产生良好的印象。但是，有时购买意向并不一定产生实际的购买行为，它会受到他人的态度和意外的环境因素的影响。比如，亲友反对、价位太高等，各种风险会使顾客取消购买决策。因此，作为服饰品企业，要灵活应对各种风险，设法排除障碍，促使顾客做出最终的购买决定。

二、陈列体现视觉营销

服装卖场的陈列设计是人们按照一定的功能和目的进行空间、道具和服装的展示，因此展示设计必需带有某种目的。服装陈列大多是商业性质，所有的环节都与营销有关，它是一种通过视觉表现形式来进行营销的手段。服装卖场陈列和大众距离最接近、最能引起消费者关注，不仅有直接的商业功利作用，也使人们从中提升品位、陶冶性情。

大量事实证明，有效地利用商品陈列，是商家们更快地树立企业形象、拓展市场份额的有效途径。对顾客来讲，在网络购物异常发达的今天，实体店购物的优势就需要通过陈列体现出来，顾客往往可以通过商品的陈列寻找到自己的目标，并且享受到购物的乐趣；对商家而言，这是现代市场营销的一个重要组成部分，尽管投入很大，但这些投入是可以得到巨大回报的。

综上所述，现代服饰品陈列的功能主要有以下四个方面：

（1）有效地树立品牌形象，提升品牌知名度与影响力。

（2）传播服饰信息，引领时尚，吸引消费者。

（3）促进商家之间的良性竞争，推动彼此间的行业交流。

（4）提高消费者的品位和兴趣，促进消费。

本章小结

■ 陈列是一种非常古老的行为，是一种有目的地向外界传递信息的行为。

■ 陈列是一种综合的艺术，是广告性、艺术性、思想性、真实性的集合。

■ 在陈列中，大致可以分为三种类型：第一种是服装店的陈列，第二种是配饰店的陈列，第三种则是服饰品百货店的陈列。

■ 服饰品卖场陈列对消费者消费行为的影响可以分为：注意、兴趣、行动和愿望四个阶段。

思考题

1. 简述人类陈列活动的起源与发展。
2. 服饰品陈列大致可以分为哪三类？
3. 服饰品陈列对消费者会产生哪些影响？

服饰品陈列的基本要素

课程名称：服饰品陈列的基本要素

课程内容：1．陈列设计的形式美法则

2．人体工程学在陈列中的运用

3．服饰品陈列的色彩要素

4．服饰品陈列的灯光要素

上课时数：6课时

教学目的：通过对陈列设计中的色彩、灯光、形式美法则等
元素的学习，掌握服饰品陈列的基本手法

教学方法：文字讲解与图片介绍相结合。

教学要求：1．使学生能够掌握形式美法则在服饰品陈列设计中的应
用。

2．使学生理解人体工程学的定义，及其在陈列设计中的
运用。

3．使学生理解陈列中色彩、灯光等元素的原理及应用方
法。

课前准备：运用大量的图片和知名品牌的案例，从正反两方面对
这些基本要素进行分析，并达到课上能够详细论述的
程度。

第二章　服饰品陈列的基本要素

现代服饰品陈列主要针对服饰品卖场而言，作为商品交易的场所，从原始的易物交换，到后来的集市、庙会，从地摊、摊位到铺面，商业活动的发展构成了商店和商店集中的商业地段，以及商品集成的商业中心，也给如今的城市带来了繁华与活力。在现代社会活动中，服饰品已经成为人们生活的重心，各知名品牌引领着世界的时尚潮流，也通过专卖店向世人传递着不断更迭的时尚讯息，服饰品卖场更以其特有的形象成为其中一道靓丽的风景。

第一节　陈列设计的形式美法则

一、点、线、面在服饰品陈列设计中的运用

（一）点

在几何学概念中，点是游荡在空间中的，没有长短、宽度与深度的非物质存在形式。它只有位置，没有大小，产生于线的边界、端点和交叉处。在陈列设计中，点是一个相对的概念，只要物体在空间中所处的位置与空间对比反差足够大，该物体就可以被视为一个点。例如纽扣相对于整件服装，服装店内的品牌标志相对于整个店内空间等。尽管点在空间中的体积很小，但又具有自由灵活性，因此在陈列设计中可以产生无穷的变化。

当空间中存在多个点且各点的排列组合方式不同，这就可以形成线或面的多种组合关系，从而产生丰富的变化。有规律的排列可以产生有序的、稳定的、温和的视觉感受；无规则地排列会产生无序的、生动的、变幻莫测的空间效果。在服饰品陈列设计中，点的运用主要体现在服装、饰品、模特、展示架、展示柜、收银台、中岛等相互的关系及与整个店面的位置关系上。要注意处理好商品、陈列道具等相互之间的主次、疏密、距离、平衡关系（图2-1）。

（二）线

点的运动轨迹形成线。线有长度，给人方向感和生长感，但没有宽度与深度。在陈列设计中，线也是一个相对的概念，一旦物体长宽比值悬殊就会给人线的感觉。例如长城、河流等。

线可分为直线和曲线两类。直线给人以明确、坚定之感；而曲线则具有优美、柔和、自由、变化的个性。值得一提的是，在几何形曲线中，不同形态的曲线也各具有不同特

点。抛物线具有速度感和方向感；S形线条给人以优美、流动的感觉（图2-2）。

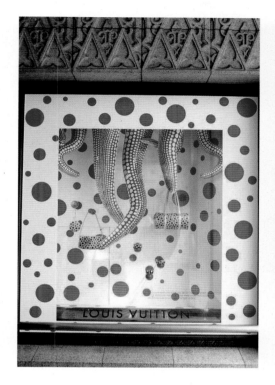

图2-1　路易·威登（Louis Vuitton）品牌2012年
　　　橱窗中点的运用

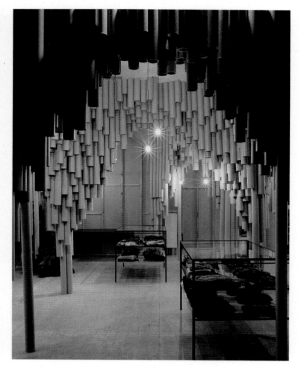

图2-2　线的运用

（三）面

　　线的运动轨迹形成面。面具有宽度、长度和方向三个特性。面的形态变化丰富，大致可分为平面和曲面两个种类。在陈列设计中，面的构成体现在商品、道具、展柜、POP海报等各要素间的配置关系中，并通过前后、大小、上下、疏密聚散等变化来体现。通常，主体展示要素应配置在突出的位置予以强调（图2-3）。

　　在实际的陈列设计中，通常是将点、线、面等基本构成要素相结合，再通过适当的形式美法则综合应用后，最终获得层次丰富的展示空间布局和印象突出的商品视觉效果。

二、形式美法则在服饰品陈列中的应用

　　随着服饰品行业的不断发展和人们消费水平的提高，服饰品陈列不但对服饰品品牌理念和企业文化的传播起着关键性的作用，更是体现时尚气息、人文进步的一门艺术。因

图2-3　面的运用

此，陈列设计对于服饰品的意义即用艺术的形式表现服装的美感，以体现它的价值。

在服饰品陈列设计中，形式的采用是为了表现服饰品的美感，而美感是审美主体对客观存在的美的事物的能动反映，是人人都能体验到的一种最基本、最常见、最大量的社会心理现象。而用艺术化的形式表现服装或配饰的实用性、审美性、趣味性则是陈列设计的价值所在。一种好的形式的运用不但能准确地表达出服饰品的美感，而且能提升服饰品自身的价值。例如，一组很平常的箱包，可能由于采用了打破常规的形式来陈列，使得卖场形成独特的风格，这种风格的独特性会使原本简单平凡的箱包具有很强的美感而变得与众不同起来。

需要指出的是，无论服饰品陈列体现美感的形式发展到何种艺术化的程度，它所要表现的主体内容却一定是服饰品。形式与美感的相互促进、协调的最终目的是为了能提高服饰品的销售业绩，使人们在享受美的视觉情趣的同时注意到服饰品的特色而对之产生兴趣和购买欲望，最终达到服饰品的销售目的。不同形式会产生不同的美感，因此，在进行具体陈列设计时首先要考虑能影响服装、饰品等美感的因素，包括色彩、结构、心理、营销、空间构造、光学等，再结合形式美法则，把不同风格的服装、饰品用不同的形式区别显示出来。陈列设计中有关形式美法则的设计应用主要有以下六个方面。

（一）比例的应用

比例在服饰品陈列中的应用主要体现在配置和组合过程中。由于符合特定数学比例的配置关系能够使受众在视觉上感到调和、悦目，因此数量上的优化组合可被理解为一种均衡的定量特例。在现代服饰品陈列设计中，几乎所有方面都涉及比例。将面积、体积不同的造型、色彩等要素按照比例原理进行适当组织，可以获得美的色彩、造型、结构或位置。另外，运用不同的比例配置关系还可以实现所需要的视错觉效果。调整好各个方面的比例关系是陈列中需要考虑的首要因素，比例的应用是否合适直接决定了整个卖场陈列的成功与否（图2-4）。

图2-4　不同面积、色彩比例的应用

（二）对称与均衡的应用

现代服饰品陈列设计中运用的对称手法，可体现出商品端庄、高贵的特色，借以表现出企业稳重、典雅的品牌风格。图2-5中通过对模特的重复排列手法展示了左右对称的陈列效果。绝对对称是美的，但有时也会给人以刻板之感。如果在对称中稍有变化，便可增加造型上的层次感，消

图2-5　对称的陈列效果

除刻板印象，打造活泼的视觉效果。该图中的陈列就是利用不同空间面的空间效果，营造出一种视觉上的错位感，从而打造丰富的视觉层次。

均衡是一种左右或上下等量而不等形的构图形式，给人以活泼、平衡的感觉。均衡

图2-6 均衡的陈列效果

图2-7 色彩对比效果陈列

的形式结构重点是掌握重心，即保持受众视觉、心理上的平衡。在陈列中应用均衡的方式能够给人灵巧的视觉感受，从而对商品的印象是灵活、多样且富于变化。如图2-6所示，橱窗内商品通过均衡形式进行陈列，左边一高一低分别陈列了当季的主要配件帽子和手袋，中间是鞋和手套做点缀，通过颜色来表达到均衡的效果，不会有或重或轻的感觉。此种陈列形式给人感觉活跃、不呆板，且目前均衡的陈列方式在现代服饰品陈列中应用广泛。需要强调的是，均衡陈列需要在陈列过程中把握好量的重心，如果做不到这点，那么就会让人产生视觉上的不舒适感。

（三）对比与调和的应用

对比是使陈列设计中表现的各个要素之间产生相异性比较，从而达到视觉上的冲突和紧张感。在陈列设计中，形的大小、曲直、长短、高低、动静等都是对比手法的体现。陈列表现的各个要素之间的对比可以是物质的形态、大小，也可以是物体的肌理质感、色彩明暗甚至是主题与背景之间的对比（图2-7）。调和手法是指在造型诸要素变化中增减或改变某些元素而使其整体更具次序感的手法，它主要体现在同质或相近要素之间的关系处理上。对比与调和在服装陈列中的应用主要体现在，利用商品与周围环境不相同的事物特点来衬托商品的与众不同，突出商品特性、吸引受众眼球，从而达到提升商品价值感的目的。调和手法在服装陈列中的应用意义重大，它使得以多种矛盾关系存在的商品变得有序和谐且相互映衬，相较而言没有采用调和手法的服装商品陈列将变得杂乱无章。

（四）统一与变化的应用

变化指事物在形态或本质上产生新的状况。变化是制造差异、寻求丰富性、形成多样化的主要手段。没有变化，便会显得平淡且缺乏视觉冲击力。强烈、动人醒目的视觉效果，是当今陈列设计的追求，越是醒目则给人的感受越强烈。统一是对矛盾的弱化或调和，从视觉艺术的范畴讲，统一意味着在多样化的视觉中寻求调和的因素。变化与统一是互为矛盾的统一体，美学上有"多样的统一"说法，在统一中求变化是服饰品陈列设计中的一条基本策略。一幅画的色彩既要色彩统一而让视觉上和谐舒适，又要兼具变化丰富的色彩，这样才是一幅成功的画作。陈列也是一项创造艺术美的活动，同样在陈列中也要运用变化与统一的陈列形式。统一和变化是相对存在的，过度统一就单板，变化太多就显得太乱。因此，在变化形式过多时要采用统一手法，反之则运用统一手法加以变化（图2-8）。

（五）重复与渐变的应用

重复是相同或相似形象的反复出现，由此可以形成统一的整体形象。其手法简单、明确、连续、平和，并极富节奏美感。重复可分为单纯重复和变化重复两种形式。单纯重复即单一基本形的重复再现，体现出现代社会提倡标准美和简约美的追求；变化重复则是反复中有变化，或者是两个以上基本形的重复出现，能形成节奏美和某种单纯的韵律美，但变化的层次不宜过多。现代服饰品陈列设计中常用重复的形式，使不同规格、款式的展品做连续、均等的陈列，给人以条理性和秩序感，从而使顾客对服装商品产生美感（图2-9）。

图2-8　和谐的色彩和造型

渐变是相同或相近形象的连续递增或递减的逐渐变化，是相近形象的有序排列，也是一种以类似的形式进行统一的手段。在对立的要素之间采用渐变的手段加以过渡，两极的对立就会转化为和谐、规律的循序变化，造成视觉上的幻觉和递进的速度感。利用渐变是在形式上创造节奏和韵律的主要方法。渐变中的突变也是平淡中求得突破、制造浪漫，使人出乎意料、形成新奇魅力的有效形式（图2-10）。

图2-9　重复陈列

图2-10 明度渐变陈列

（六）节奏与韵律的应用

就视觉而言，节奏的含义是将某种视觉元素的组织多次反复，使之产生高低、强弱的变化。例如同样的色彩变化或同样的明暗对比多次反复出现，使之产生一种类似音乐节奏的感受（图2-11）。

卖场中的各种陈列方式往往不是孤立的，而是相互结合和渗透的，有时在一个陈列中会同时运用多种形式美法则。服装卖场的陈列方式多种多样、富有个性，在熟悉卖场各种功能和充分了解其艺术形式后，可通过分析服饰品的类别、色彩、定位等具体的商品信息，再将之与主题、季节、节日等陈列设计要素相结合来确立最初的表现形式。细节方面的陈列形式，如正挂、侧挂、饰品放置的方向，以及模特的搭配应采用何种手法与整个卖场的商品相呼应，这些形式的不同组合最终都会影响卖场商品美感的体现。

图2-11 节奏与韵律

第二节 人体工程学在陈列中的运用

人体工程学是20世纪50年代前后发展起来的一门综合性交叉学科，它融合了技术科学、解剖学、心理学、人类学等学科知识，是研究人在某种工作环境中多方面的因素；研究人及其与环境的相互作用；研究在工作中、家庭中如何综合考虑工作效率、身体健康、安全舒适等问题的学科。

人体工程学在卖场中的有效应用，主要是针对顾客的生理和心理的特点，使卖场的陈列和环境更好地适应顾客购物和消费需求，从而达到提高受众视觉感受和服装卖场环境质量的目的。在"以人为本"的经营理念下，只有围绕人这一主体，充分了解和研究人体工程学知识，才能做到科学地规划卖场，使陈列更好地服务于顾客，最终达到促进销售的目的。

一、尺度

卖场中的尺度就是研究人体和货架道具、卖场空间之间大小、比例的问题。卖场中所有的空间尺度、货架尺寸、道具尺寸等要素都要围绕人体来规划、设计和陈列，顾客在卖场中的活动路径、浏览方式、选购动作都是在陈列之前要研究和考虑的问题。卖场尺度要考虑以下四个方面的因素：

（1）货架和道具要符合货品的展示规格。

（2）陈列的方式要符合顾客购物习惯的基本特征。例如，服装的货架设计得过高，顾客就不容易拿到，又或者是，过窄的通道会使顾客没有进入的欲望。

（3）陈列密度符合产品展示需要。陈列密度是指展示对象所占展示空间的百分比。密度过大容易造成参观人流堵塞，使参观者有拥挤、紧张的心理感受而产生疲劳，影响展示传达与交流的效果；陈列密度过小，又会使展示空间显得空旷、贫乏，降低了空间的利用率。在一般情况下，展示对象所占展示空间的百分比以30%～40%为宜。

（4）产品陈列空间要与整体卖场的空间比例协调。合理、和谐的商品空间设置是建立一个理想卖场的前提。

二、视觉

顾客在浏览和购买商品的过程中，首先是用眼睛看，看中一件感兴趣或满意的服装后，再拿起来仔细看或试穿。因此，卖场陈列高度的设计，除了考虑顾客的视觉感受外，还需要考虑顾客的身高以及肢体的活动幅度等因素。

以我国人体平均高度大约为165～168厘米计算，人的眼睛位置大约为150～152厘米，人的有效视线范围大约是0～49.5度，按照顾客在货架前常规的观察距离和角度来分析，有效的视线范围一般在高度70～180厘米之间。根据尺度和视觉的原理进行综合考虑，通常把货架划分为三个区域：主要陈列空间、印象陈列空间、搭配陈列空间。主要陈列空间是顾客最容易看到和取物最方便的地方。此区域是货架中的黄金区域，通常陈列主要推荐的服装。在这个区域，主要放置一些搭配的产品，如裤子、裙子等，或放置一些作为销售储存的货品。180厘米以上的空间由于取物不太方便，顾客在观察时还需要抬头，因此通常在这个区域只陈列一些作为展示用的服装、配饰或海报，称为印象陈列空间。了解人体工程学的一些基本原理，有助于有目的地将推荐商品放在有效的陈列空间里，从而得到更好的促销效果（图2-12、图2-13）。

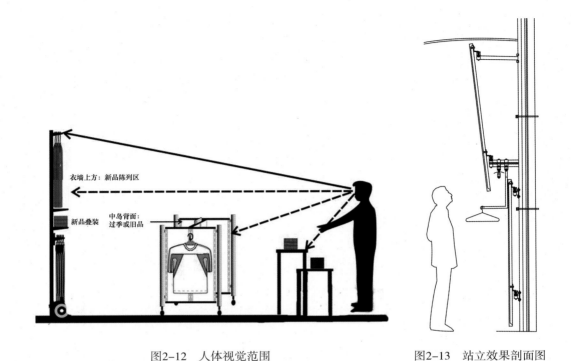

图2-12　人体视觉范围　　　　　　图2-13　站立效果剖面图

第三节　服饰品陈列的色彩要素

一、色彩性格

　　人类在长期的生产生活中，通过观察、感知色彩的性格，积累了许多经验。例如，人们看到红色会将其与太阳、火、鲜血联系在一起；把黑色与黑夜、煤炭联系在一起，等等。不同色彩对生理的刺激所引起的心理反应带有明显的倾向性。不同色相、明度或纯度的色彩及色彩组合可以产生不同的色彩格调，呈现不同的性格表情，带给人温暖或寒冷、远或近、轻或重、欢快或忧郁、活跃或宁静、软或硬、华丽或朴素等不同的心理感受。在服装展示中，可以利用色彩的情感特性以及色彩对人心理的影响来调节控制展示空间、强调重点展示区域、烘托展示氛围，力求达到优美的展示效果，借以获得高效的信息传播效率。

二、陈列色彩效果分析

　　服装是陈列的商品，不仅包含了物质层面的东西，也包含了精神层面的东西。从美学角度来说，艺术的最高境界是和谐，服饰品陈列的色彩搭配也不例外。在卖场中，我们不仅仅要建立起色彩的和谐，还要让卖场的空间、营销手法和导购艺术等诸多元素建立一种和谐、互动的关系，这才是我们真正追求的目标。从审美效果来分析，现代服饰品陈列色彩应该具有以下特征：

首先，是一目了然的视觉效果。为了吸引消费者，便于消费者参观选购，无论服装还是饰品的卖场色彩设计都是根据商品的色彩特点来决定展示的区域、陈列道具、摆放方法，通过陈列色彩设计来突出商品，使商品特性能够全面地展现给顾客。从美学的角度来讲，这就是一个增强视觉冲击力、加深顾客对商品印象的过程。

其次，是丰富的商品色彩。消费者在购买时希望有更多的选择机会，以便对不同色彩的商品进行认真的比较。服饰品陈列应运用色彩三元素中的基本的色相属性、色彩的对比度和饱和度等原理来指导商品的色彩陈列设计，以达到商品陈列井然有序、色彩丰富的视觉效果。这样消费者对于商品有了较大的选择余地，卖场也会显得充实，色彩上就更加饱满。

再次，是拥有强烈的艺术感。服饰品陈列色彩设计应在保持商品独立美感的前提下，在实际陈列过程中通过艺术造型手法进行巧妙布局，再利用不同的陈列方法对色彩进行设计与规划，从而形成不同商品色彩间的相互关系，达到整体美的艺术效果。在实际应用中，首饰、鞋包、道具等都需与服装相互搭配，形成新的视觉效果。

卖场中的色彩布置要重视细节，更要重视总体的色彩规划，这样才能创造最佳的视觉效果，以满足顾客的审美需求。成功的色彩规划不仅要做到协调、和谐，而且还应该有层次感、节奏感以吸引顾客进店，用色彩来引导顾客购买（图2-14、图2-15）。

图2-14　富于层次感的陈列色彩效果

图2-15　高纯度的陈列色彩效果

图2-14所示为某女装品牌橱窗，以粉色调为基调，不同明度的粉色体现出层次感，经典又不失时尚。

图2-15所示是某童装品牌的形象店陈列，通过高纯度色彩的搭配应用，告诉消费者当季该品牌的流行色是绿色、黄色、玫红色等，各种波点的印花体现流行的主题，吸引力十足。

三、服饰品陈列色彩设计的搭配及方法

（一）陈列色彩设计的程序

首先确定整体基调。服装陈列空间主色调的设定是由品牌专有色、品牌的产品定位、目标消费者定位、服装展示的内容等因素综合决定的，应采用与这些相关联的色彩考虑整体的色彩使用计划。其次，根据展示内容特点、消费者年龄、企业经营理念等因素，做出色彩分析。在总体色彩规划基础上，分析展示内容的要求、展示目标、商品的色彩特点等因素，设定各个区域的色彩，从应用细节上突出展品，避免展示空间或展示道具等的色彩喧宾夺主。再次，在服装展示中，美感与和谐是人们的共同追求，不存在不美的色彩，只有丑陋的色彩组合。美与和谐体现在色彩的明度与纯度、面积与配置的关系中。应利用节奏、渐变、对比、调和等形式美处理手法，以及视错觉、色彩性格及人对色彩的心理反应等关系，营造生动、平衡的展示效果。最后，从地域环境和人文风俗两方面进行考虑。地域环境包括国家地理、季节气候等；人文风俗包括宗教及民俗对某种色彩的喜好与禁忌等。

（二）服饰品流行色与陈列色彩设计的综合运用

卖场中的服饰品大致可分为主力商品、辅助商品、附属商品、促销商品等。

通常在进行商品陈列色彩设计时，首先考虑主力商品。主力商品的陈列面积通常是其他商品陈列面积的2～3倍。这些商品所形成的色彩关系是陈列色彩设计中的主要部分，它决定了卖场整体陈列的色彩基调。主力商品和辅助商品通常陈列在卖场的主通道或副通道，这些商品陈列色彩设计的优劣直接影响消费者对品牌的关注程度。新品上市可以运用色彩搭配使其尽量醒目而生动。附属商品是对主力商品品类的补充，这类商品的色彩能够增强终端整体色彩的丰富度和层次感。促销商品的陈列设计应该尽可能地避免色彩上的杂乱，以免影响卖场的整体色彩效果。

除了卖场整体效果以外，如何搭配卖场内部的服装、鞋、包也是我们在做陈列设计时需要考虑的。不同色彩的服装搭配所呈现的视觉效果不尽相同，不同的色彩也有不同的搭配原则。

白色可与任何颜色搭配，但要搭配得巧妙，也需费一番心思。白色下装搭配淡黄色条纹上衣是柔和色的最佳组合；白色长裤配淡紫色上装可以显示自我个性；白色褶裙配淡粉色上装，给人以温柔、飘逸的感觉；红色的风衣外套，既庄重又不失活泼；红色A

裙配白色衬衫，显得热情潇洒。此种搭配方式也可以通过模特来展现，将着装模特置于橱窗中，再通过灯光的效果更能突显出服装的品位（图2-16）。

图2-16 白色与红色搭配

褐色与白色搭配给人一种清新的感觉。金褐色及膝一步裙与船型领衬衫相搭配，优雅气质体现得淋漓尽致；褐色毛衣配同色格子长裤，尽显着装者的雅致和成熟。褐色搭配一般适用于38～50岁之间的女性，她们追求生活的安逸舒适，又要体现她们生活的品位和档次，所以通常这种颜色都运用在成熟装扮的搭配中（图2-17）。

图2-17 中性色陈列

　　所有颜色中，蓝色是最容易与其他色彩相搭配的颜色之一。不仅如此，蓝色具有收缩形体的效果，搭配红色后显得妩媚、俏丽，但应注意蓝红两色的运用比例需适当；曲线鲜明的蓝色外套与及膝蓝色裙子搭配，再以白衬衫、白袜子、白鞋点缀，透出一种轻盈的妩媚气息；蓝色外套配灰色裙子，是一种略带保守的组合，但是如果加以格纹袜子或衬衫，就显得年轻活泼许多。在卖场终端，采用蓝色搭配的商家较多，即使没有繁复热烈的图案抢眼却也显得高雅耐看，是各大商家的不二选择（图2-18）。

图2-18　蓝色灯光与牛仔服搭配

　　黑色适应面极广，与任何色彩搭配在一起都十分和谐。黑色配米色、黑色配白色都是十分经典的配色，给人留下干练的印象；黑色与红色的搭配极富视觉冲击力，给人妩媚动人的视觉感受。在陈列中，需要注意黑色所占的比例，以免给人过于严肃的感觉，要满足消费者的穿着习惯，从而更好地引导消费（图2-19）。

图2-19　黑色与红色、白色搭配的抢眼效果

（三）陈列色彩搭配方法

在服饰品陈列中，不同品牌的市场定位和产品品类不同，其产品的色彩往往是混合色调。色彩的设计应用比单纯的行业选择更为丰富多样，陈列方法也更为复杂。卖场中色彩陈列的方式有很多，这些陈列方式都是根据色彩的基本原理，再结合实际的销售要求变化而成的。最常见的是，将多样的色彩根据色彩的规律进行协调和统一，使之变得有序化，使卖场色彩的主次分明，易于消费者识别与挑选。我们在掌握了色彩的基本原理后，根据实际经验，还可以创造出更多的陈列方式。

1. 挂装陈列模式方法分类

挂装陈列在色彩陈列形式中具有明显的优势，它可以更大面积地向人们展示服装的色彩，尤其适合于一些高档的时装、晚装及运动装类。但是，挂装陈列的空间利用率比较低，所以在选择颜色时应选取最具流行性和品牌代表性的色彩。

（1）间隔法：是卖场侧挂陈列方式中运用最多的一种方式。这主要有以下几个方面的原因：此方法是通过两种以上的色彩间隔和重复产生韵律和节奏感，使卖场中充满变化，使人感到兴奋。卖场中，服装色彩是复杂的，特别是女士服装，不仅款式多，而且色彩也十分丰富，有时候在一个系列中很难找出一组能形成渐变排列或彩虹排列的服装组合。而间隔式色彩陈列法对服装色彩的适应性较强，正好可以解决这些问题。由于间隔陈列法具有灵活的组合方式以及适用面广的特点，同时又加上其视觉上的美化效果，使其在服装的陈列中运用广泛。这种陈列方法看似简单，但在实际的应用中，服装不仅有色彩的变化，还有服装长短、厚薄、素色和花色面料的变化，所以就必须要综合考虑，同时由于间隔件数的变化也会使整个陈列面的节奏产生了丰富的变化效果。

在实际的应用过程中，资历较浅的陈列师面对着一堆纷乱的服装时往往会不知所措。可供借鉴的一般步骤是，首先将商品按服装类别进行分类，然后再进行间隔式色彩陈列。一般每款服饰同时连续挂列两件以上，货品不足情况下一般不少于两件，以不超过4件为宜。通常，有2+2、2+3、2+4、3+3、3+4等出样方式。不过也有很多高档奢侈品品牌每款只陈列一件。间隔法在实际应用中又可细分为：色彩间隔和长度间隔（图2-20～图2-22）。

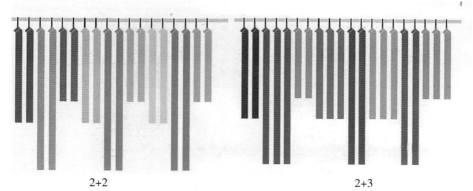

2+2　　　　　　　　　　　　　　　　　　2+3

图2-20　间隔法陈列1

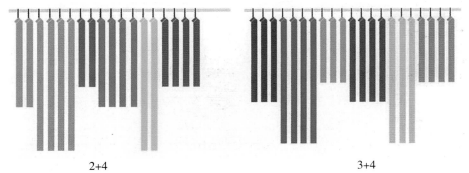

2+4　　　　　　　　　　　　　3+4

图2-21　间隔法陈列2

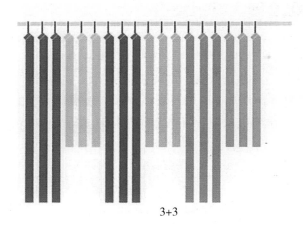

3+3

图2-22　间隔法陈列3

　　色彩间隔陈列法是指将服装款式相近、长度基本相同的服装陈列在一个挂通上，只在色彩上进行间隔变化获得节奏感的一种陈列方式。这种陈列方法在T恤、男衬衫、裤子等款式、规格变化较少的商品陈列中较常见（图2-23）。

图2-23　色彩间隔法陈列1

　　色彩间隔中还有一种较为特殊的情况，这就是当卖场中有无彩色的时候，陈列师往往会将无彩色系的服装和有彩色系的服装分开陈列。通过不同的区域将两种类别明确地区别开来，便于消费者在进店时以最快的速度找到自己所需要的商品类别。这一类服装多出现在女式套装店中（图2-24）。

　　长度间隔陈列法是指将服装色彩相同或相近、款式长度不同的服装陈列在一个挂通上，通过间隔长短的变化来获得富有韵律的美感。这种陈列方法常见于服装色彩比较单一的品牌（图2-25）。

图2-24　色彩间隔法陈列2　　　　　　　　　图2-25　长度间隔法陈列

　　将服装按照系列进行陈列，主要是把相同系列、不同色彩、不同长度的服装陈列在一个挂通上，使受众获得更为丰富的节奏与韵律感。这种陈列方法适用于绝大部分服装品牌，也是商业销售终端最常见的一种方法。

　　（2）渐变法：适用于服装款式变化相对较少、色彩变化丰富的品牌陈列。成熟男、女装品牌和单一类品牌如牛仔、内衣或袜子等应用比较多。正挂色彩渐变从前到后由浅至深、由明至暗；侧挂渐变从左到右、由浅至深。具体方式如下（图2-26）。

　　①上浅下深：一般情况下，人们在视觉上都有一种追求稳定的倾向。因此，通常我们在卖场中的货架或陈列面的色彩排序上，一般都采用上浅下深的明度排列方式。就是将明度高的服装放在上面，明度低的服装放在下面，以此增加整个货架所陈列服装在视觉上的稳定感。即使是在人模或正挂出样时，我们也通常会采用此种方式。有时为了增加卖场的动感，我们也可逆向思维而采用相反的手法，即上深下浅的方式以打破过于稳定的陈列效果。

　　②左深右浅：在实际应用中可不拘泥于教条，左深右浅或右浅左深均可，关键在于一个卖场中需采用统一的序列规范。这种排列方式在侧挂陈列时被大量采用，通常在一个货架中，将一些色彩深浅不一的服装按明度的变化进行有序排列，能够在视觉上产生一种井井有条的感觉。

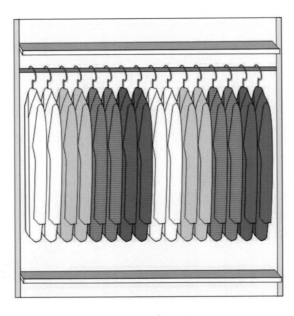

图2-26　渐变法陈列

③前浅后深：服装色彩明度的高低，也会给人一种前进和后退的感觉。利用色彩的这种规律，我们在陈列中可以将明度高的服装放在前面，明度低的放在后面。而对于整体卖场的色彩规划，我们也可以将明度低的系列有意识地放置在卖场后部，明度高的系列安排在卖场的前部，以增加整个卖场的空间感。

（3）彩虹法：是将服装按色环上的红、橙、黄、绿、青、蓝、紫的顺序排列，如同彩虹一样给人以柔和、亲切、和谐的感觉。彩虹法适用于品类较少、色彩鲜艳丰富的商品陈列，多用于男衬衫、T恤、领带、童装、饰品等服饰类别的陈列（图2-27）。

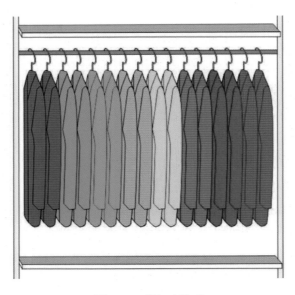

图2-27　彩虹法陈列

（4）对比色搭配法：色彩形象比较强烈、视觉的冲击力较大。因此，这种颜色搭配经常在陈列中应用，特别是橱窗陈列。对比色搭配在卖场应用时可具体分为服装上下装的对比色搭配、服装和背景的对比色搭配等（图2-28）。

图2-28　对比色搭配法陈列

（5）近似色搭配法：具有柔和、秩序之感，在卖场的应用中可分为服装上下装的近似色搭配、服装和背景的近似色搭配等。对比和近似这两种颜色搭配方式在卖场的色彩规划中是相辅相成的。如果卖场中全部采用近似色的搭配就会感到过于宁静，缺乏动感。反之，过多地使用对比色也会让人感到躁动不安。因此，每个品牌都必须根据自己的品牌文化和顾客定位来选择适合的颜色搭配方案，并规划好两者之间的配置比例（图2-29）。

图2-29　近似色搭配法陈列

2. 叠装陈列模式方法分类

叠装陈列方式展示效果差，但是空间利用率最高，应用范围非常广泛，无论是男装、女装、童装，又或是职业、运动、休闲品牌，这都是普遍应用的陈列方式。由于服装是折叠摆放，款式设计细节几乎看不到，所以叠装展示方式主要靠色彩的变化进行陈列。一般情况下，陈列师可根据品牌风格和商品色彩的特点进行组合变化。

（1）间隔法：叠装的色彩交错有横向、纵向、斜向三种间隔组合方式，常见于款式变化丰富、色彩变化相对较少的品牌陈列。

间隔法有双色间隔，也有三色间隔。双色间隔是两种颜色交替变换；三色间隔是在双色的基础上，有三色至多色之间进行组合，可以产生极其丰富的变化（图2-30）。

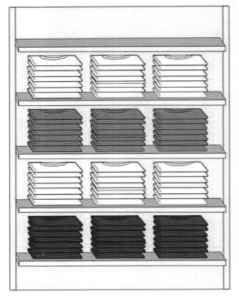

图2-30 间隔法陈列

（2）渐变法：多用于牛仔裤、男衬衫、T恤等色彩变化丰富、款式变化相对较少的服装类别进行陈列。渐变也可以有横向与纵向陈列之分，还可以根据具体的品牌特征、产品色彩特点来选用间隔与渐变组合的陈列方式（图2-31）。

图2-31 渐变法陈列

（3）彩虹法：多用于T恤、领带等品类服装、服饰的陈列（图2-32）。

图2-32 彩虹法陈列

在这些方法的实际应用中，要注意无彩色的作用，高饱和度、不易融合的色彩可以用无彩色间隔，以达到色彩调和、视觉平衡的效果。

（4）背景搭配法：区别于服装本身的搭配，还有一种搭配方式是与背景的搭配。在一些服装品牌尤其是休闲装品牌中，为了更好地突出服装的风格和色彩，通常会在货架的背景上布置一些彩色的背景布。背景布和服装的搭配方式也有两种：一种是采用同类色的搭配方式，给人的感觉是柔和的整体风格。另一种是采用对比色的搭配方式，给人的感觉是一种强烈刺激、兴奋的对比感觉。两种颜色搭配的运用，主要考虑品牌的风格和服装的设计风格。例如，纯女士服装可以做得柔和些，运动装或比较活跃的休闲装则可以适当提高服装与背景的色彩对比程度（图2-33）。

图2-33 服装与背景的对比搭配

第四节　服饰品陈列的灯光要素

一、服饰品照明设计的原则

（一）真实显色

通常，人们对服装色彩的挑剔是足以影响服装选择的重要因素。不同光照条件下，服装色彩差别非常大。因此，选择显色指数高的光源，能够真实地体现展示对象的固有色，这是服饰品陈列设计的基本原则。一般情况下，陈列照明要选择接近太阳光线的光源。

（二）选择合适的照度和亮度

照度是指物体单位面积上所接受可见光的能量，是衡量光照水平的指标。照度与光源发光强度成正比，与被照射物和光源的距离成反比。亮度是指光源在视线方向单位面积上的发光强度。被照射物表面的亮度，不仅与照度水平有关，还与物体对光照的反射率有关。在相同照度条件下，明度高的物体比明度低的物体要亮。通常情况下，照度水平可以作为衡量照明质量的标准。

陈列空间的照明设计要充分考虑顾客的生理需求及心理感受。过于强烈的、使人易产生视觉疲劳的照明应尽量避免。为了提升商品的价值，照明的照度和亮度要符合品牌的定位和商品的特点。一般来说，商场和商品越高档，照明越趋于柔和。

（三）主次分明

服饰品陈列空间中，根据其在卖出商品中的作用，可将各部分照明的主次关系按以下顺序排列：橱窗——边架——中岛——其他。非重点照明部只要满足基础照明要求即可，而对重点陈列区域或重点商品需给予充分的光照。

（四）谨慎使用有色光

在陈列设计中，为了营造某种特殊氛围，有时可以借助于有色光源。但对于重点陈列物要选择能忠实显色和能展示物体质感的光源，并予以重点照射。

（五）使用冷光源

在陈列设计中，出于安全的考虑，应尽量避免选择在照明过程中会产生高热量的光源。

（六）光源不含有紫外线

对于价值高、珍贵的物品照明，应选择不含有紫外线的光源，以避免紫外线对商品造成伤害。

（七）节能、环保、经济

商品的视觉效果在很大程度上取决于有效的照明。照明设备的选择要在满足上述陈列照明条件下，根据照明效果的要求选择兼具节能、环保及经济原则的光源。根据不同服饰品类别对光照的不同需要进行设计，要科学用光。光照强度要恰如其分，过度光照不仅浪费能源而且还会有损卖场陈列的整体效果。

二、服饰品陈列照明类型

（一）基础照明

陈列中的基础照明也称整体照明或一般照明。整体卖场环境中的基础照明是指保证基本空间照度要求的照明系统。基础照明的功能是使消费者看清卖场空间的通道、设施并能够有效地识别商品。光源通常在保证一定照度和亮度的同时，选择显色性高的光源来满足基本视觉要求。

服装销售场所的照明规划，首先要考虑区域的功能分类和品牌想要表达的主次关系，一般的区域只要满足基本照明就可以，对于重要的展示区域或重点陈列商品，应加强灯光照明强度，使整个卖场的主次分明，富有节奏感。除了有意识地在某些区域利用光的强弱引导消费者和疏导人流外，其他区域的基础照明都不宜过于明亮，通常与陈列商品照明的亮度比为1：3。

不同定位的品牌在灯光的设计上有很大的区别。一般来说，中低价位的大众品牌卖场的基础照明相对要亮。与之相反高档品牌为了更多地营造特殊场景气氛，往往会降低基础照明，增加局部照明的照度，使重点更突出，照明更富层次感（图2-34、图2-35）。

图2-34　基础照明1

图2-35　基础照明2

（二）重点照明

　　重点照明也称局部照明，是为特别的需要而提供更为集中的光线，能更好地突出商品，显现出商品独特的色彩美、材质美、光泽感与价值感，以吸引消费者视线。服饰品陈列在对重点商品给予强调时，一般采用重点照明。这种照明亮度是整体照明亮度的3～5倍，且多会采用聚光的照射方式。橱窗在销售场所占有重要地位，橱窗设计是否具有吸引力，往往能够决定消费者是否会进入商店，所以橱窗的照明通常都会采用重点照明。在重点照明时，灯光打向不同的区域会突出各个不同点，借以通过突出局部照明的方式来吸引消费者。另外，越是高档的商品，如贵重的珠宝首饰，通常会采用这种照明方式来强调商品光彩夺目的视觉效果（图2-36、图2-37）。

图2-36　D&G重点照明橱窗

图2-37　巴黎春天百货（Printemps）重点照明橱窗

由于需要表现的侧重点不同，我们在重点照明时，需要有针对性地强调服饰品的某一方面特质，这些侧重点可大致分为以下四种：

（1）突出服装面料的材质，如高档男装（图2-38）。

（2）强调服饰品的视觉中心，如袖口、领部、胸部等设计元素较为集中的重点部位（图2-39）。

图2-38　材质的重点照明

图2-39 视觉中心的重点照明

（3）重点突出服饰品的特殊工艺，如绣花、钉珠、烫钻、印花等（图2-40）。

（4）为了突出服饰品的整体轮廓（图2-41）。

图2-40 特殊工艺的重点照明

图2-41 整体轮廓的重点照明

（三）装饰照明

装饰照明又称气氛照明，该方式除了具有照明的实际功用外，在展示活动中，它还是一种特有的造型语言，是表现消费者心理状态、性格，以及创造某些"氛围"和"感觉"的重要手段。展示的装饰照明应给消费者以有益于展示目标和效果的气氛感受，要善于用灯光渲染的手法去实现展示的戏剧性效果。在实现过程中，要注意灯光与空间形态及内部装饰协调起来。装饰照明所营造的灯光气氛，大体可分为：华贵和质朴的气氛，现代和复古的气氛，热烈和清冷的气氛，田园和城镇的气氛，明快和暗淡的气氛等。

　　进行装饰照明设计要关注新材料、新技术的发展，如光导纤维、激光技术等，这些新材料、新技术能够创造出独特的艺术效果。若装饰照明需特殊的照明灯具与照明组合时，可以研究、借鉴舞台美术照明的相关手法（图2-42～图2-44）。

图2-42　装饰照明 1

图2-43　装饰照明2

图2-44　装饰照明3

（四）应急安全照明

应急安全照明也称应急照明或安全照明，在服装展示空间中，特别是商业中心的展示中，为了应对由于地震、火灾等意外灾害所导致的展示空间供电中断情况时，用于保障室内人员安全撤离的、独立的照明系统。在通道、楼梯、安全出入口处都需有应急照明光源，并在灾害发生时可以自动点亮并且连续照明长达90分钟。

三、服饰品陈列照明方式

依据灯具的散光方式，陈列照明方式可分为直接照明、半直接照明、间接照明、半间接照明、均匀漫射照明五种。

（一）直接照明

直接照明是指全部灯光或90%以上的灯光直接照射在陈列物体上，其照明光通量最高。一般情况下，日光灯、台灯、点射灯、筒灯的照明方式都属于这一类（图2-45~图2-48）。

（二）半直接照明

半直接照明是指60%左右的灯光

图2-45　直接照明1

图2-46　直接照明2

图2-47　直接照明3

图2-48　直接照明4

图2-49　半直接照明（天花板有半透明散光
照射的射灯）

直接照射所陈列物体，其余的光散射到四周。比如，将60%～90%的光线向下透射，10%～40%的光线向上透射。在灯具外面加设半透明的玻璃、塑料、纸等材质灯罩的照明方式，都可以归入这一类。半直接照明的特点是光线不刺眼、明暗对比不强烈，顶棚、地面和墙面等四周环境也能得到适当的光照，内衣、家居服专卖店常用此种形式（图2-49）。

（三）间接照明

间接照明是指90%以上的灯光先照射到墙上或顶棚上，再反射到需要照明的物体上。间接照明的特点是光线均匀柔和、不刺眼、不会直接产生眩光。眩光是亮度高的物体或过大的亮度对比所引起的人眼视觉不适或视力下降的现象。间接照明给人一种安静、平和的气氛，很多专卖店中安设的反光灯槽便属于这种形式（图2-50、图2-51）。

图2-50　间接照明（天花板、楼梯灯箱设计）　　　　图2-51　间接照明（背景灯箱设计）

（四）半间接照明

半间接照明是指60%以上的灯光照射到墙壁上部或顶棚上，少量部分的光线直接照射到被照物体。例如大多壁灯和灯具上方有透光间隙、外有半透明散光灯罩的吊灯以及墙上的反光灯带板均属于这种类型。半间接照明的特点是光线柔和，且没有较强的阴影（图2-52、图2-53）。

（五）均匀漫射照明

均匀漫射照明是指照射到上下左右的光线大体相等，此照明方式能使光通量均匀地向四面八方漫射，适用于各类展示场所，如带半透明球形罩的灯具便属于此类（图2-54）。

图2-52　半间接照明1

图2-53　半间接照明2

四、服饰品陈列灯光的应用

（一）用光分割空间

在展示环境中，可以通过光的亮度和色彩变化来进行空间划分。光照的变化可以使同一空间产生丰富的视觉变化，呈现出节奏起伏的美感。例如有些品牌服装店在同一展示空间中展示不同品类的商品，就可以通过光照的变化来区分不同区域。除此之外，陈列师还可以通过光照来区分重点展示区域和非重点展示区域（图2-55、图2-56）。

图2-55所示，橱窗中运用冷暖不同的灯光对比，将一个空间划分为两个区域，形成室内与室外两个空间的效果，给人外冷内热的心理感受。

图2-56所示，针对有空间设计感的卖场，灯光的作用显得尤其重要，特别是通道的灯光和重点陈列的灯光需要有明显的区别。另外，由于空间墙面的材料是可反光的高科技材料，所以还

图2-54　均匀漫射照明

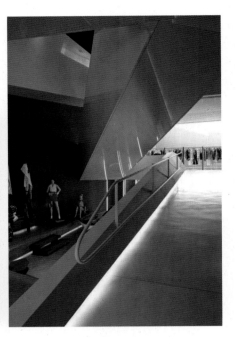

图2-55　用光分割空间1　　　　　　　　　图2-56　用光分割空间2

可以利用反射光线的倒影来形成光亮度的对比。

（二）用灯光塑造形态

在光的各种特性中，与这一问题关系最为密切的是照明图式。因此，设计师如欲利用方向性照明创造出造型立体感，就必须要考虑到照明图式对于一个物体的作用方式，并按照物体的性质和它的处境巧妙地应用照度、影子、高光三种方式。为了满足在一般设计情况下的需要，通常有以下几种可供参考的规律。

对于表面光滑的物体，即使当光线很强的时候，还是能够产生梯度很柔和的照度，可将光打在小块面组成的表面，显示出轮廓鲜明的图式。

如果是特定的物体，可以运用影子的图式。物体复杂的表面似乎与结构分明的图式有很好的关系，对于一个轮廓线平滑的、凹进去的物体，最好是使用大光源，以产生形状柔和的影子。

对于高光图式的性质与照度、影子均不同，高光的形状与块面的大小和表面的曲率有关。在物体上，观看者的移动则引起高光的变化。这种特性常常被用在珠宝首饰的陈列上，突出宝石不同角度的光泽度。然而，当一个物体的外形轮廓线平滑并有曲率变化时，高光图式似乎更明显地与物体的形状有关。光源的大小应加以限制，以保证高光的边界线紧凑、明确。

由此得知，光照的角度是影响物体形态面貌的重要因素，不同角度的照明会使同一个物体呈现出不同的视觉效果。一般在单一光源条件下，用光可以塑造出以下五种形态：

1.顺光

顺光就是正面光，是从物体前方投射的光照。物体的形态、材质能够正常体现，但对体积感的塑造效果较差，陈列效果容易显得平淡（图2-57、图2-58）。

图2-57　顺光投射1

图2-58　顺光投射2

2.侧光

侧光是从物体侧面投射的光，这种光照角度有利于塑造物体的立体感和材质肌理效果。可以根据需要调整正侧面、四分之三侧面、三分之一侧面等多种角度进行变换（图2-59、图2-60）。

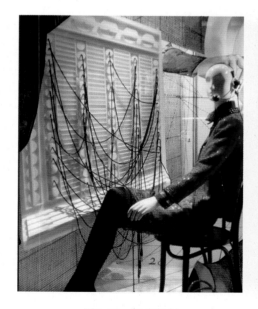

图2-59　侧光投射

图2-60　巴尼斯纽约精品店（Barneys New York）
侧光橱窗

3. 逆光

逆光是从物体后面投射光照。这种光照角度不利于塑造体积感，但对于呈现优美的轮廓却可以打造出令人着迷的剪影效果（图2-61、图2-62）。

图2-61　逆光投射1

图2-62　逆光投射2

4. 顶光

顶光是自上而下投射的光，塑形效果差，一般用于辅助照明或特殊效果的照明（图2-63、图2-64）。

图2-63　顶光投射1

图2-64　顶光投射2

5. 底光

底光是自下而上的投射，这种光照和顶光一样，塑造立体感的效果差，一般用于辅助照明或特殊效果需要（图2-65、图2-66）。

在陈列设计中，往往会根据陈列效果的需要，以某一种光照为主、其他光照为辅，采取多种光照角度相结合的方式塑造形态，渲染气氛。

图2-65　底光投射1

图2-66　底光投射2

（三）如何营造完美的造型立体感

一般情况下，具有方向性的照明能够赋予三维物体较佳的立体感。因此，在服饰品陈列中，陈列师往往需要利用方向性光照所形成的阴影及明暗对比来更好地表现室内陈列的物品，尤其是重点商品。造型立体感用来说明物体被照射时所表现的状态，它主要是由光的主投射方向及直射光与漫射光的比例来决定的。造型立体感很大程度上依靠心理因素，为了定性地进行描述，我们可以通过垂直照度与水平照度之比来预测实物造型的照明效果。如果是光滑没有肌理的服饰品，即使当光线很强的时候，还是会产生梯度很柔和的照明图式；如果是肌理感很强的服饰品，太强烈的光线会给人眼花缭乱的感觉。对于一个设定的物体，影子图式的鲜明性，取决于光源对它的张角的大小，但是对于轮廓平滑的、凹进去的物体，最好是用大光源，以产生形状柔和的阴影。

如果一个服饰品专卖店内的照明能使得店铺内部结构和陈列物品清晰，并且令人赏心悦目，那么这个空间在整体面貌上就被美化了。因此，照明光线的指向性不能太强，以免阴影浓重、造型生硬，但是光线也不能过于漫射和均匀，以免缺乏明暗对比，致使造型立体感平淡无奇，室内显得索然无味。

如图2-67、图2-68所示，均能塑造良好的空间造型及营造生动的戏剧性效果。

（四）通过灯光渲染空间气氛

灯具造型和灯光色彩的选择要以渲染空间环境气氛且能够收到显著效果为着眼点。不同类型的灯具以及不同的灯具使用方式对于服饰品店的装饰作用是不尽相同的，而不同色

图2-67　方向性照明的空间造型塑造1

图2-68 方向性照明的空间造型塑造2

温的灯光对于空间的渗透力以及对于营造空间气氛方面的作用同样不容忽视。例如，暖色调表现愉悦、温暖、华丽的气氛，常常在节日期间运用比较多；冷色光则表现宁静、高雅、清爽的氛围，夏季的店面运用比较多。在不同光色与光照条件下，环境实体的显色效应的总和形成室内空间某种特定气氛的视觉环境色彩。因此，必须考虑室内环境中的基本光源与环境实体之间的相互影响、相互作用。

例如，在以暖色调为主的服饰品专卖店中，如果用荧光灯照明，这种光源所发出的青蓝光成分多，就会给鲜艳的暖色蒙上一层灰暗的色调，从而使室内温暖、华丽的气氛受到破坏。如果采用白炽灯，则可以使室内的温暖基调得以加强。但是，如果在以冷色调为主的室内空间里选用了白炽灯的光源，则会破坏室内宁静、高雅的气氛，并且易令人产生烦躁不适的感受（图2-69~图2-71）。

图2-69所示，在陈列中运用暖色光来表达春季万物复苏的景象，通过绿色的运用来告知人们春天到了、生活很美好等信息。

图2-70中，这是著名水晶品牌施华洛世奇（Swarovski）的专卖店设计。整个店面运用白色冷光源，符合水晶的基本特征，也无形当中

图2-69 春季暖色光的运用

让人们感受到它的晶莹剔透。白色的灯光打到透明的水晶上，给人一种置身于水晶之中的视觉效果。

　　图2-71所示是阿迪达斯（Adidas）品牌专卖店的特殊灯光效果营造。三条杠与该品牌的logo相吻合，带给消费者强烈的视觉印象。通过三条明亮的灯光带，不仅增强了照明的亮度，也极好地突显出品牌的视觉形象和设计理念。

图2-70　水晶店冷光的运用

图2-71　专卖店特殊灯光效果

本章小结

■ 点、线、面在服饰品陈列设计中的运用，体现出陈列形式美法则的应用原理。

■ 卖场中的尺度就是研究人体和卖场空间、货架道具之间比例、大小的问题。

■ 顾客在浏览和购买商品的过程中，除了受视觉条件影响外，还需要考虑顾客的身高以及肢体的活动幅度等因素。

■ 服装陈列空间主色调的设定是综合考虑品牌专有色、品牌产品定位、目标消费者定位、服装展示的内容等因素决定的，应采用与这些相关联的色彩要素来考虑整体的色彩搭配。

■ 照明主要分为基础照明、重点照明和装饰照明，借以通过不同的角度来提升商品的视觉效果。

■ 在照明时，要选择适当的亮度，主次分明、真实显色。

思考题

1. 简述陈列色彩设计的搭配原则和方法。
2. 在陈列中，人体工程学的视觉要求有哪些方面？
3. 简述陈列照明的几种类型和作用。

专业理论及专业知识——

服饰品店卖场空间设计

> **课程名称：**服饰品店卖场空间设计
>
> **课程内容：**1. 服饰品店卖场空间感营造
>
> 　　　　　　2. 卖场空间陈列设计方法
>
> 　　　　　　3. 卖场内部区域设计
>
> 　　　　　　4. 卖场外观设计
>
> **上课时数：**6课时
>
> **教学目的：**通过对卖场内、外空间区域规划的学习，能够对各种服饰品卖场做出正确规划。
>
> **教学方法：**文字讲解与图片介绍相结合。
>
> **教学要求：**1. 使学生正确理解终端卖场空间环境的营造。
>
> 　　　　　　2. 使学生理解构成服饰品卖场外观要素和店内设计的相关内容及表现方式，掌握卖场外观设计和店内设计的方法。
>
> **课前准备：**选择国内外典型品牌案例为背景资料，调研本地区最具代表性的品牌，图文并茂的讲解，使学生能够更形象地理解卖场空间设计的相关概念与设计方法。

第三章　服饰品店卖场空间设计

　　卖场空间是以展示为目的、以快捷的信息传播为宗旨，给消费者一个流动和变化的空间形态，突出人与商品的互动和直接感知，营造出一个相互交流的空间环境。因此，服饰品卖场的内部空间可灵活组合各种空间形式，并考虑所陈列商品的种类，进而打造一个丰富多彩的卖场空间环境。

第一节　服饰品店卖场空间感营造

一、市场营销策略与服饰品卖场空间环境

　　现代服饰品商业卖场的空间环境具有展示性、服务性、促销性、文化性四个基本功能。在这个销售空间环境创造的主体是人，其主旨为营造良好、温馨、有利于销售的环境。从这个意义上讲，服饰品卖场空间设计中，商品、道具、灯光等均是营造空间感的手段。

图3-1　营造卖场空间感

　　服饰品卖场空间环境的营造，不仅仅依赖于物质手段，也有赖于非物质手段。前者是指合理的空间形态、有序的平面布局、错落有致的商品陈列；后者是指顾客购买的方便性和满足感。将两者完美结合，有利于营造独具魅力的商业卖场空间环境。

二、卖场空间感营造的方法

　　从空间形状上来划分，有方体、长方体、方锥体、圆锥体、半球体、球体、圆柱体、马鞍形、扇形、不规则形状等。各种不同形式的空间可以给人产生不同的心理感受。从这一点来说，空间又可以划分为庄严型、愉悦型、明快型、优雅型、忧郁型、暗淡型、平和型等。

　　体量与形状是室内空间形式的重要特征，但由于色彩、灯光配置以及所用材料的空透程度的不同，给人的感受大相径庭（图3-1）。

一般来讲，创造和改善空间效果主要依靠改变空间的比例关系和虚实程度来实现，常用的手段有：

（1）利用划分的作用。水平划分可以使空间向水平方向延伸，垂直划分可以增强空间的高耸感。

（2）利用色彩的效果。强烈的色彩能使界面"向前提"，淡雅的色彩能使界面"向后退"。

（3）利用图像的效果。对比度强的图像能使界面"向前提"，对比度弱的、细密的图像能使界面"向后退"。

（4）利用材料的质感。镜子等反光材料可以扩展空间，表面粗糙的界面使人感到"向前提"，质地光滑的界面使人"向后退"。

（5）利用灯具。吸顶灯和嵌入式灯能使顶棚"向上提"，吊灯，特别是体形较大的灯则使顶棚"向下降"。

设计实践中，改善空间效果和空间感的手段不止这些，而各种手段往往是综合使用的（图3-2、图3-3）。

图3-2　发光天井在改善空间效果中的应用　　　图3-3　镜子在空间扩充中的应用

第二节　卖场空间陈列设计方法

一、服饰品陈列空间分类

服饰品专卖店的种类多种多样，空间格局也是五花八门，似乎难以找出空间分割的规律性。实际上，我们可以将卖场空间划分为以下几种形式。

（一）商品空间

商品空间指陈列商品的位置。陈列形式有箱型、平台型、架型等多种选择。依据商品数量、种类、销售方式等具体情况，可将商品、店员、顾客这三个空间有机组合，从而形成商品空间格局的四种形态。

1. 接触型商店

接触型商店，其商品空间毗邻街道，顾客站在街上就可以购买商品，店员则在店内进行服务，通过商品空间将顾客与店员分离。此类卖场的空间形态，顾客购物十分方便。

2. 封闭型商店

商品空间、顾客空间和店员空间全在店内，商品空间将顾客空间与店员空间隔开，此为封闭型商店。

3. 封闭、环游型商店

三个空间皆在店内，顾客可以自由、漫游式地选择商品，实际上是开架销售。该种类型可以有一定的店员空间，也可以没有特定的店员空间。

4. 接触、封闭、环游型商店

在封闭、环游型商店中加上接触型的商品空间，即顾客拥有店内和店外两种空间。这种也包括有店员空间和无店员空间两种形态。

（二）店员空间

店员空间是指店员接待顾客和从事相关工作所需要的场所，有两种情况：一种是与顾客空间相交错，另一种是与顾客空间相分离。

1. 店员空间狭窄的接触型商店

这种类型的空间格局有三大特征：一是店员空间狭窄，二是顾客活动区在店外，三是商品空间在店内。

此种店员空间类型要求店员有独特的服务形式。如果店员呆立于柜台前会疏远顾客，而过于积极又会使顾客产生强加推销的感觉。佯装不知道的态度才是成功的秘诀。该种格局形式适用于经营低价品、便利品和日常用品的专卖店。它的经营规模小，带有早期店铺的特征。

2. 店员空间宽阔的接触型商店

其空间格局特征表现为：店员空间宽阔，顾客活动于店外，商品置于店面。

因为接触型商店是将陈列商品临街展示，所以接触型商店的店员空间多为狭窄型，但也有一些较为宽阔。这种商店适合销售无需费时挑选、便于携带的商品或小礼品。此种形式可使店员与商品适当地保持距离，顾客挑选商品时自由随意，没有压迫感和警戒心。店员切记不能整排站在柜台前，而应运用宽阔的空间做各种工作，这样不仅能给商店带来蓬勃的生机，而且能够吸引顾客购买。

3. 店员空间狭窄的封闭型商店

这种类型的商店大多设立于繁华地区，顾客较多，需进入店面才能看到商品，店员所占场地被降到最低限度。

此类空间格局一般适合于经营高档服饰类商品，有些特色商品的专卖店也采取这种格局，并辅以部分接触型空间格局。

4. 店员空间宽阔的封闭型商店

这种类型的商店是顾客、店员、商品空间皆在室内，店员活动空间较宽阔，顾客活动空间也很充裕。最常见的是面向楼梯口或马路边的商店，它非常适合销售时尚度高的高档品牌。店内、店外空间划分明确，没有购买欲的顾客很少进入，而宽阔的购物空间也可以使店内顾客自由地参观、选购。此类商店努力给顾客营造一种温馨气氛，靠环境提高顾客的购买欲望。

5. 有店员空间的封闭、环游型商店

封闭、环游型商店的特征是店面不陈列商品，顾客进入商店后，犹如漫游于商品世界当中。这种格局的最大特点是，向顾客发出"店员不向顾客推销商品"的信息。此类格局常销售普通商品，店员不要过于热情，更切忌用狩猎的目光盯着顾客，以确保其有充分的挑选空间。

6. 无店员空间的封闭、环游型商店

这种类型的商店，在店门前摆放高档商品，不了解该店的顾客是不会进入的。店员活动空间与顾客活动空间不加以区分，这是专为销售高级精品而设计的空间设置形式。同时，这种商店经营的商品价格昂贵，顾客购买时较认真、仔细，常需要店员从旁进行介绍，充当顾客的顾问。店员不能只做收款工作，而应活动于顾客当中。销售行为应追求轻松、自然，店员切记固定在店中央位置等待顾客招呼。

7. 有店员空间的接触、封闭、环游型商店

这类商店在店面和店内均安排有店员。店面陈列商品，可吸引顾客，给人普通的感觉；店内陈列商品，采取环游式布局，顾客进店后可随意地进行挑选。

有店员空间的接触、封闭、环游型商店布置，一般适用于销售平价的休闲服饰品，商品量大且价格便宜，顾客不必频繁询问店员，完全由自己进行判断和挑选。店员只在收银台内，不干扰顾客挑选。这种格局一般要求空间宽敞，能陈列齐全的商品。

8. 无店员空间的接触、封闭、环游型商店

这种类型商店展示的虽不是最高档的商品，但常需要店员对顾客进行商品讲解、说明并提供咨询。一般适用于普通的流行服饰店，如鞋、包店。它们大多采用大众化价格，商品种类繁多，给人以大众化的印象。

封闭、环游型商店与接触、封闭、环游型商店的结构极为相似，但店面气氛截然不同。前者是高档型的贵族化商店，后者是普及型的大众化商店，因此在店员的着装、精神面貌、服务方式等方面都有很大的差异。

对于没有店员空间的接触、封闭、环游型商店来说，店员不可挤在入口处，给人以守门的感觉；当顾客挑选商品时，店员不要站在旁边审视，而应该佯装不知道，当顾客有疑问时，马上出现在他们面前为其解疑。

二、服装陈列空间的设计要求

功能性。服装陈列空间设计规划要以满足服装陈列、商品演示、信息交流、营销和客流疏导等多项功能的需要为前提，力求达到空间的合理使用和各部分区域过渡与组合的协调。

审美性。服装陈列的空间设计要应用形式美法则进行空间的构筑，用赏心悦目的视觉形式给信息受众留下深刻的印象及美的感受，以实现展示的功能性与审美性的有效融合。

精神性。服装陈列的空间设计应准确体现品牌文化内涵、市场定位与产品特色，反映时代特征，满足公众的精神需求与心理诉求，从而引起情感共鸣、诱发受众对品牌产品的兴趣以及对品牌文化内涵的认同。

时效性。服装陈列空间设计应达到陈列空间的合理规划，充分利用每一个空间区域，以确保信息的高效率传达和经济、适用法则的完美结合。

三、服装陈列空间的形态语言

服装陈列空间是在功能性形态（如墙面、展台、展架、展示道具等）的基础上通过形态、材料、色彩的变化来传递信息，它们与展示内容（服装、鞋、包等）以及信息的受众一起来完成信息的传达和反馈。

1. 形态与陈列空间

构成空间的每一个部分的形态都有明确的功能性。竞争使得对信息传递的时效性和精确性要求越来越高，每一次的陈列行为都追求达到最佳的效果、得到最好的反馈。因此，现代陈列力求空间内的所有形态都成为表现性元素，都能传递陈列目标要求的特定信息，使功能性与表现力融为一体（图3-4、图3-5）。

图3-4　艺术墙面形态

图3-5　功能性墙面形态

2. 材料改变陈列空间

陈列空间是人类活动所构造的场所。构造场所的材料既体现了人的物质需求，也反映了人的精神需求，这种需求带来了极大的差异性。在自然界，空间形态与材质是一个有机的、稳定的系统，而在人类社会，同一空间形态可以用不同的材质来体现。每一种材料所构造的空间都可以给我们带来完全不同的心理感受。

材料既是信息物化的基础，也是信息视觉化展现的必然条件。不同的材料，或通过不同加工形式的同一材料，会带给人不同感觉。在陈列环境设计中，我们可以选用的材料有木材、钢、玻璃、塑料和橡胶、织物、混凝土、水磨石和石英、石板和大理石、涂料和墙纸等。有些材料所具有的结构特点适用于室内建造阶段使用，有些材料则通过固定设施和设备为室内面貌增光添彩。对于地板方案的选择也是多样的，当通过室内空间的客流量很大的时候，地板必须结实、耐用。另外，在选择材料时就应该注意到清洁材料的难易度和摩擦对抛光外观的破坏力。

人们通过视觉、触觉来体验、感知、联想材质的美感。不同材质因其特有的质感与色泽赋予我们丰富的视觉感受，当质的感受和形的感受相结合时，就会产生特定的视觉和心理联想。由此引起的视觉和心理效应使陈列空间具有明显的导向性，也使材料成为整个信息符号的有机组成部分，承载内涵并传递某种特定的信息概念。

材料是时代进步的指针，新材料、新工艺的运用传递了领先科技的信息。服装陈列空间尤其需要新材料、新工艺。在陈列设计中，把握材料最好的办法就是把材料的质地与服装、鞋、包的面料相搭配，并将之与品牌文化内涵、产品定位、风格相联系，再运用对比、协调法则进行设计，进而达到形式与内容的完美统一（图3-6、图3-7）。

图3-6　地板材料的区域划分

图3-7　特殊天花板和背景墙材料

四、服装陈列空间的设计手法

1. 合理规划空间

服装陈列规划是在总体服装陈列设计方案指导下，根据品牌定位、风格要求确立方案的基调。各个空间的形态、大小、位置以及各空间的关联过渡，要充分考虑陈列的各项尺度，包括空间、平面、展具、顾客流量等数据，为合理规划导入区、营业区、服务区等各个陈列区域空间确定科学的依据（图3-8、图3-9）。

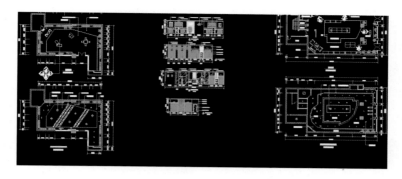

图3-8 空间施工图

图3-9 合理空间成品图

2. 明晰的导向性

通道和陈列空间区域的划分要有一定的导向性。陈列师需要根据品牌营销策略、展示风格基调和目标消费群的生理、心理特点来设定合理、便捷、高效的陈列方案。另外，我们还需充分考虑建筑内部空间的局限性，将不利因素转化为有利因素（图3-10、图3-11）。

图3-10 导向性陈列

图3-11 导向性楼梯

3. 陈列空间的平面规划

大型展柜、边架等一般靠墙摆放，用来陈列常规销售款式或搭配款式、特殊品类的货品、易于识别的基本款、不受季节及促销影响的款式和过季产品等。展台、中岛等展示方式，四边都可以观看，通常配置在展示空间的中心，用来陈列重点产品（图3-12）。

图3-12　重点商品的陈列空间规划

4. 艺术法则的运用

利用艺术设计法则来确立服装陈列的风格基调，能够更好地营造陈列空间气氛，强化品牌或企业所要传达的信息特性。如利用灯光、色彩划分空间，利用虚实相生、对比、夸张等手法创造新颖的展示形式，打造与众不同的视觉冲击力（图3-13）。

图3-13　艺术法则的运用

第三节　卖场内部区域设计

一、店内空间设计

（一）卖场的空间通道与布局

通道是店内的交通区域，它的布局设计从根本上对卖场的空间起着引导和划分的作用，能够引导顾客浏览的路线。通道设计是否科学直接影响顾客的视线运动与合理流动。通道设计的关键在于给顾客以观看和行动上的便利及心理上的舒适感，并使顾客在通道的转折处或中心的位置可以环顾店铺四周，观察到店内的各个角落。店内空间主副通道的规划和配置是否便捷是设计时需重点考虑的因素，这是由于其具有引导顾客进入卖场的引导性决定的。此外，商品销售区的通道也要合理设计，其宽度应根据人体工程学原理来确定，并要考虑顾客购物中停留的空间。一些店内空间的重点部位要相对宽敞，主要商品应展示、陈列在主通道两侧，给顾客购物、行走和观看等活动以行为和心理上的舒畅感（图3-14）。

图3-14　卖场的空间通道

通道的形式主要有直线式、斜线式、自由式。

1. 直线式

直线式是指通道呈直线相交，使店内结构规整、商品陈列整齐美观（图3-15、图3-16）。

图3-15　直线式通道1

图3-16　直线式通道2

2. 斜线式

斜线式是指通道呈斜线交叉，顾客可以随意浏览，便于看到较多的商品。采用此种通道形式的店内结构和商品陈列富于变化（图3-17、图3-18）。

图3-17　斜线式通道1　　　　　　　　　　　　　图3-18　斜线式通道2

3.自由式

自由式是指根据商品陈列的需要和内部空间的结构特点，形成"曲折迂回、曲径通幽"的空间布局变化，但需保证基本的流畅度和顺畅感（图3-19）。

通道可以根据店铺面积和空间形状设计成不同的布局，如面积较大的可以采用"井"字形或"U"形，面积小的可以采用"L"形或"Y"形。主要应根据商品和设备特点来设计各种不同的布局组合，它们独立或聚合，有松有紧，没有固定的形式。如大商场为了丰富空间的变化，往往采用多种通道形式相结合的自由组合式布局。

（二）导入区

在物质极为丰富的现代社会，服装越来越成为一种情感消费或体验消费的商品。消费者很容易受到品牌橱窗陈列所传递的情景气氛的感染，出于某种情感或心理冲动而产生购买欲望。因此，专卖店导入部分是否吸引人、规划是否合理，将直接影响到消费者的进店率以及品牌的营业额。

图3-19　自由式通道

导入区位于卖场的最前端，是卖场中最先接触顾客的部分。它的功能是在第一时间告知消费者卖场商品的品牌特色、透露卖场内的营销信息，以达到吸引顾客进入卖场的目的。

1. 橱窗

橱窗是导入区的重要组成部分，暗示了一旦拥有这些商品就可以达到的生活状态，通常由模特、图片、服饰品或其他陈列道具组成。橱窗以其直观的视觉效果，形象地传达品牌的风格、定位、设计理念和服装销售信息。有些商家把橱窗作为销售商品的主要工具，传统的珠宝店无疑是这种情况的一个典范。橱窗展示一直延伸到店里，占去了大部分的商业空间，如此一来室内就仅仅用作销售和服务了（图3-20、图3-21）。

图3-20　橱窗1

图3-21　橱窗2

2. 流水台

　　流水台也称陈列桌，由单独或2～3个高度不同的展台组合而成，一般放在入口附近或店堂中心的显眼位置。陈列桌多用一些服饰品组合造型来诠释品牌的风格、设计理念、重点推荐商品、应季畅销商品以及卖场的销售和促销等信息。在设有橱窗的服装店里，流水台起到与橱窗内外呼应的作用；在一些没有设立橱窗的服装店中，流水台往往承担起橱窗的展示功能（图3-22、图3-23）。

图3-22　流水台1　　　　　　　　　　　　　图3-23　流水台2

3. POP广告

　　POP广告是许多广告形式中的一种，它是英文Point of Advertising 的缩写，意为"卖点广告",简称POP广告。其主要商业用途是刺激、引导消费者。比较常见的是,摆放在卖场出入口处或橱窗中,并用图片和文字结合的形式传达品牌的营销信息(图3-24、图3-25)。

图3-24　POP广告1　　　　　　　　　　　　　图3-25　POP广告2

(三)营业区

如果说导入区是品牌市场营销的序曲,营业区就是直接进行商品销售活动的主体区域,也是服饰品店中的核心区域。营业区在卖场中所占的面积最大,所涉及的展示要素也最多,主要由展柜、展架等各种展示道具所组成。营业区域规划的成功与否,直接影响到商品的销售(图3-26、图3-27)。

图3-26　营业区1

图3-27 营业区2

根据品牌定位和产品特点的不同，营业区的展柜、展架的布局规划以及商品展示密度有很大区别。各展示分区要符合品牌风格、定位，展柜与展架的摆放要有秩序感，组合陈列要注意秩序与变化的统一，这样才能保证顾客活动的空间。除此之外，货架的产品陈列在色彩或品类上要有一定的关联。

营业区域的通道设计要合理，要具有一定的引导性，要引导顾客进入卖场的每个角落。主副通道的规划和配置上，"便捷"是考虑的首要元素。因此，服装店入口处的设计和营业区的通道设计都要充分考虑顾客进入和通过的难易度。通道要留有合理的宽度，以方便顾客到达每一个角落，避免产生卖场死角。

一般来讲，人流的宽度是60厘米，顾客在货架前停留或选购商品的距离大约为45厘米左右。服装卖场中的主通道宽度通常是以两股人流正面交错走过的宽度而设定的，所以一般是120厘米以上。最窄的顾客通道宽度不能小于90厘米。仅供员工通过的通道，至少也应保持40厘米的宽度。卖场通道的设计还要考虑顾客在购物中停留的空间，尤其是一些重点的位置要留有相对宽敞的空间。因为销售额的达成，不是靠顾客的通过，而是靠顾客的停留。

（四）服务区

服务区是为了更好地辅助卖场的销售活动，使顾客能更好地享受商品之外的超值服务而设定的空间区域。在市场竞争愈加激烈的今天，为顾客提供更好的服务是赢得消费者的重要因素，服务区的设计规划也越来越多地受到品牌经营者的重视。服务区主要包括试衣区和收银台。

1. 试衣区

这是一个为顾客提供试衣的区域。试衣区包括封闭或半封闭的试衣间，是设在营业区的试衣镜周边区域。试衣间通常在销售区的深处和卖场的拐角处，以避免造成卖场通道的堵塞。另外，可以有导向性地让顾客穿过整个卖场，使顾客在去试衣间的途中，经过更多的商品展柜、展架，以便带来其他商品销售的可能性。

试衣镜作为试衣间的重要配套设施，消费者是否购买一件服装或饰品，通常是在镜子前作出的决定。在营业区可多安装几面试衣镜，以便于顾客观看试衣效果。试衣间的数量要根据卖场规模和品牌定位而定，试衣间和试衣镜前要留有足够的空间。有些商店也提供几个为数不多的密闭小隔间，通过非常不搭调的门帘和开放空间隔开，这就使得此次试穿成为一次不愉快的购物经历。试衣间的空间尺寸根据品牌的定位不同有很大差别，越是高档的服装品牌，其消费者对试衣环境的舒适度要求越高。中档或低档品牌的试衣间也应保证顾客换衣时四肢可以舒适地伸展活动，一般来说长宽尺寸不小于1米（图3-28、图3-29）。

试衣间设计的另一个极其重要的方面就是照明。如果照明设备与镜子的位置相对，灯光照射在裸露皮肤上的颜色可能会差强人意，不利于交易的顺利达成。随着技术的进步，试衣间的照明采用了不同于以往的方式，很多隔间里都配有开关，这样顾客就可以根据需要来调整照明设备的明亮度和色调。

每家服饰品店都必须为残疾人提供试衣间。房间必须足够大，能够容纳轮椅。除此之外，试衣间中应具备多个扶手杆、一个位置得当的镜子和一个座位。在非常小的商店里，只有一个试衣间是可以被接受的，但是必须遵循残疾人权利、法律及建筑法规等。

图3-28　婚纱店试衣间

图3-29 休闲服试衣间

2. 收银台

作为陈列设计的重点，收银台通常设立在卖场的后部，是顾客付款结算的地方，也是商家最终获得利润的重要位置。在规模较大的商店里，通常与部门对应，比如男装区一个，女装区一个。收银台的位置要考虑空间规划、顾客的购物路线的合理性。从市场营销的流程上看，收银台是顾客在卖场中购物活动的终点。但从品牌的服务角度看，收银台又是培养顾客忠诚度的起点（图3-30、图3-31）。

图3-30 收银台1   图3-31 收银台2

图3-31所示，收银台空旷、干净但并不单调。柜台的下面往往摆满了附属商品，如钥匙扣、钱包、围巾、眼镜等，让顾客在等待的同时不觉得无聊，从而加强品牌建设和增强附带销售。收银台背后往往有些背景板或广告，是宣传品牌文化的最佳位置，顾客可以在这里关注到本季的重点商品，感受到明确的品牌风格。

案例： 某品牌服务区配置（图3-32～图3-34）。

图3-32 服务区配置1

图3-33 服务区配置2

图3-34 服务区配置3

（五）库房管理区

库房管理区包括仓库和店员休息区。无论是大型商业中心的服装专卖店还是街边独立店，一般都会在卖场附近设仓库，储存少量货品。仓库设置的大小以及货品存储量的多少，依据服装店的每日销售情况和产品补货需要而决定。在营业面积小的服装店中，店员休息区往往和仓库设置在一起。要注意相对的封闭性，尽量不要让消费者直观地看到这一区域。

案例：整体卖场空间规划平面图（图3-35、图3-36）。

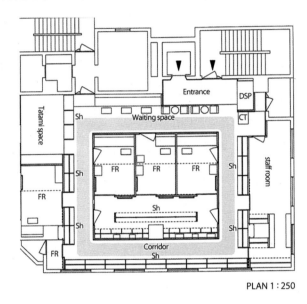

图3-35　卖场内部空间规划平面图

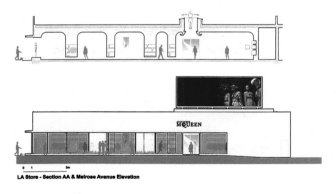

图3-36　卖场入口处空间规划平面图

图3-35所示是卖场内部的俯视空间分布图，包括入口、店头、前厅、中岛、员工休息等区域，我们可以根据不同的区域分布来了解卖场的情况；图3-36是店门入口处的设计，包括大门的高度、宽度比例、人体合适的空间等。

二、店内氛围设计

当顾客走进店中，只看到店内的装修，不一定会有购买的冲动。要使顾客产生购买欲望，必须使顾客感受到卖场氛围。特别是在服装店中，由于顾客有在店中停留的时间，店内就可以通过颜色、声音、气味等方面营造店铺氛围，使那些只想看看的顾客产生购买欲望。

（一）色彩氛围

在店铺的氛围设计中，色彩的有效使用具有重要意义。色彩与环境、商品是否协调，对顾客的购物心理有关键性的影响。

稳定的色彩感觉可以让顾客安心选购，但是应该注意的是，天花板、墙壁、地板的色彩最好浓淡相宜，卖场才会显得有朝气而不会使人感到压抑。以具有体积感和重量感的颜色进行装饰的手法适用于男装店。

暖色系的深色，是造成兴奋感的主要原因之一。例如红色的台布、壁面，会使卖场显得热烈、刺激，从而激发顾客的热情，使之能够快速购物。但是，一般卖场并不适合单一地使用此类颜色。

为了呈现宁静的氛围、延长顾客停留时间，卖场应该选择偏冷的中性色、暖色系中低彩度的颜色等。

（二）灯光氛围

室内照明能够直接影响店内的氛围。比较一家照明明亮和一家光线暗淡的店铺，会有截然不同的心理感受：前者明快、轻松，后者压抑、低沉。店内照明得当，不仅可以渲染店铺气氛、突出陈列商品、增强陈列效果，还可以改善营业员的工作环境、提高劳动效率（图3-37、图3-38）。

图3-37　时尚男装品牌店的灯光氛围

图3-38　高档男装品牌店的灯光氛围

（三）声音和气味氛围设计

1. 声音设计

声音对店铺氛围会产生积极的影响，但也会有消极的一面。音乐的合理设计会给店铺营造好的气氛，而噪音则使卖场产生不愉快的气氛。在选择所播放的音乐时，要注意合理搭配音乐的种类与时间。上班前，先播放几分钟优雅、恬静的音乐，然后再播放振奋精神的乐曲，循序渐进的效果较好。当员工由于工作紧张而感到疲劳时，可播放一些安抚性音乐。在临近营业结束时，音乐播放的次数要频繁一些，乐曲要明快、热情，使员工能全神贯注地投入到全天最后、也是最忙碌的工作中去。

在选择音乐的类型时，要根据所卖服饰品类型进行取舍。一般来说，流行服饰品专卖店应以流行且节奏感强的音乐为主，童装店则可播放一些欢快的儿歌，高档服装店则可以选择轻音乐。在服饰品店热卖过程中，配以热情、节奏感强的音乐，会使顾客产生购买冲动。

2. 气味设计

店内气味是至关重要的。和声音一样，气味既有积极的一面，也有消极的一面。进入店中，有美好的气味会使顾客心情较佳。而服装店内新衣服会有染化料的味道，尤其是一些鞋店的皮具味道，严重时会形成刺鼻的异味。因此，在店中喷洒适当的清新剂是必要的，这有利于除去异味，也可以使顾客心情舒畅。但要注意，在喷洒清新剂时不能用量过多，否则会使人反感，甚至引起某些顾客的过敏反应。另外，店员使用的香水也是值得注意的问题，如果气味浓烈，与环境或服饰品的风格形成冲突，就会影响顾客的情绪，引起不快的购物感受。不仅如此，良好的气味设计也会使顾客产生美好的联想，进而达到促进销售的目的。

(四) 店员服饰设计

服饰品店营业员的制服是很重要的。制服的统一，会使进入店中的顾客对店铺产生一种充满活力、亲切、热情的印象，也是氛围设计的重要一点。制服的设计也应该注意面料、颜色、款式与店内所售商品的协调。

服饰是精神面貌的体现，尤其在服饰品商店，如果店员的服饰略有欠缺，在琳琅满目的服饰品商店前会显得十分不协调；此外，无论是发型、化妆、饰物等，都应该尽量符合店面的风格、精神以及店员之间的整体性。

除了基本原则应该注意外，店员的服饰还应该与销售商品形成风格的统一性。如果在高档服饰店，店员的服饰过于随便，尽管不失礼节，但是会造成整个商店失去应有的格调，使顾客产生不良的印象；相反，在童装店，如果店员的服饰过于严肃，就会使小朋友产生畏惧感和疏远感，这将会大大影响与顾客的沟通效果。

此外，在一些服饰品商店，店员可身穿商店所销售的服饰，充当兼职模特的角色。这对于介绍和展示商品具有一定的作用，有时会收到很好的效果。但是，店员充当服装模特时，其行为举止必须与商店营造的气氛一致，同时，要和销售商品的形象特点相统一。为此，就应该认识到，这不仅是一种规定，更是一项形象工程，或者说，是视觉营销规划的一个组成部分。因为作为模特，店员就必须具备形象、气质上的条件，而且能够做到大方得体、优雅可亲。这不是仅靠天资就可以做到的，应该进行必要的培训和实践，才能胜任这项工作。

第四节　卖场外观设计

人们把商店外部形象称为店头，或称为店眉，设计的时候有很多因素要考虑。商店的店头必须能够体现出品牌的精髓，比如运用一个非常醒目的标志或品牌logo。现代化字体和文本展示方式，能够较形象、快捷地让消费者感知到品牌的内容和文化。也就是说，让消费者在看到店头后明白这是个什么店，这个店是卖什么的，大致的风格定位等。对于一些现代感强的服饰品牌店，标志由品牌决定，运用的是现代化字体和文本展示的方式。与传统的图画标志相比而言，被照明的标志盒是现代店面设计的常用装置（图3-39、图3-40）。

图3-39　清晰易辨的Logo

图3-40　店头Logo

一、外观造型设计

从主体建筑上看，店面的造型主要体现在设计风格和造型式样给人的整体印象和感觉上，在造型所运用的语言与形式处理上则要尽量避免雷同或流于一般。通常，采用突出品牌的视觉识别要素及形象特征的设计风格，能够使店面视觉信息单纯、集中、便于识别，能对顾客产生较强的视觉吸引力。店面形象的气质或保守、或前卫、或豪放粗犷、或端庄秀丽，其侧重表现的要点在于如何体现品牌的理念、档次、个性与形象魅力（图3-41、图3-42）。

图3-41　2012纽约路易·威登（Louis Vuitton）品牌店面造型设计

图3-42　高迪建筑艺术感的街边商店

二、店头色彩

色彩是展现店面形象和体现品牌性格的重要方面。选择店面色彩时，既要考虑环境因素，又要展现店面自我形象。色彩往往在对比中产生效果，若环境色彩浓重，则颜色淡雅的店面也能得以突出。店头属于整个店的重点部位，包括招牌、店徽等都可以用鲜艳的纯色进行处理，起到画龙点睛的作用（图3-43）。

图3-43　路易·威登（Louis Vuitton）的店面橱窗

三、店头材料

　　装饰材料是丰富服饰品店气质的重要造型语言，有些材质朴素自然，有些高贵华丽，有些则原始粗犷。材料要同商店的气质吻合，但也可包含一定程度的对比手法的运用（图3-44）。

图3-44　特殊材料的运用

本章小结

■　卖场可通过色彩、灯光、装饰材料、图像、灯具等来改变卖场空间的比例。

■　服饰品陈列空间是在功能性形态（如墙面、展台、展架、展示道具等）的基础上进行形态、材料、色彩的变化来传递信息，它们与展示内容（服装、鞋、包等）以及信息的受众一起来完成信息的传达和反馈。

■　卖场内部氛围设计可分为色彩氛围、灯光氛围、声音气味氛围和店员服饰氛围四个方面。

思考题

1. 简述服饰品卖场空间营造的几种手法。
2. 简述服饰品卖场空间设计的手法。
3. 构成服饰品卖场店内设计的相关内容与设计方法是什么？
4. 构成服饰品卖场店外设计的相关要素与设计方法是什么？

专业理论及专业知识——

服饰品陈列技巧及相关道具应用

课程名称： 服饰品陈列技巧及相关道具应用

课程内容： 1．服饰品陈列形式

          2．突出看点的陈列技巧

          3．陈列道具应用

上课时数： 8课时

教学目的： 通过对不同陈列出样方法的介绍，掌握陈列的各种模式和手法。

教学方法： 文字讲解与图片介绍相结合。

教学要求： 1．使学生正确理解并熟练运用几种不同的陈列方式。

          2．使学生能结合道具熟练应用多种陈列技巧。

课前准备： 以文字的讲解结合图像进行直观介绍。寻找出色的品牌陈列案例，并能在课程学习过程中结合理论知识进行分析。

第四章　服饰品陈列技巧及相关道具应用

服饰品在陈列的时候有许多种形式，需要我们根据不同的卖场类型、产品类别及产品定位来判断。不同类型的专场，对道具设计的要求各异。道具的设计离不开它的从属性，即功能、类别等客观属性，再与审美相结合，最大限度地将产品特征展示出来。因此，精湛的陈列技巧需要优良的道具辅助，只有适合的道具才能够烘托出品牌和商品的优越性和品质感。

第一节　服饰品陈列形式

服装在商业空间即服装零售店的陈列形式主要有：挂装陈列、叠装陈列、人模陈列、平面展示陈列等。各种陈列形式各有优缺点，在服装商业展示空间中往往需要综合运用，以取长补短。

一、挂装陈列

挂装陈列适合对服装平整性要求较高的高档服装，如男西装、女套装、大衣、礼服等，挂装陈列中还分为正挂和侧挂两种类型。

（一）正挂陈列

正挂陈列是服装正面展示的一种形式。服装正面的设计细节清晰，展示效果好且取放方便，便于顾客试穿。不同的品牌正挂陈列时，有的只有陈列单品，有的会将服装内外、上下搭配好陈列。有些正挂的挂钩可同时陈列多件服装，既有展示作用，也有储存功能。正挂陈列兼具人模陈列和侧挂陈列的优点，又能弥补它们的缺点，是目前服装店铺重要的陈列方式之一。

正挂陈列的规则：

（1）衣架款式应统一，挂钩朝同一方向，方便顾客取放。

（2）可以进行单件的服装陈列，也可进行上下装搭配。如果有上下平行的两排正挂，通常上装挂上排，下装挂下排，前后一般3～5件，尺码由前到后依次为M—S—L—XL。

（3）可多件正挂的挂通，应用3件或6件出样，要考虑相邻服装色彩、长短的协调性。

正挂陈列的优点在于，能够清晰地展示服装的全貌，缺点在于陈列的商品数量较少，在卖场空间较小的情况下无法满足展示需求（图4-1）。

Model 位置一	Model 位置二	Model 位置三	Model 位置四
连衣裙　A109-O1J05-79	上外　A109-O3C01-79	连衣裙　A109-O1J01-70	上外　A109-O3E01-79
围巾　　A109-O1Z02-79	下装　A109-O1G05-79	腰带　　A109-O5X01-79	下装　A109-O1K02-70
		发带　　A109-O2Y01-79	围巾　A109-O1Z01-79

Model 位置一	Model 位置二	Model 位置三	Model 位置四
上外　A110-V3A05-31	上外　A110-V1O05-31	上外　A110-V1F05-05	上外　A110-V1P05-31
上内　A110-V3J05-31	上内　A110-V2D13-61	下装　A110-V3K06-31	上内　A110-V2D13-61
下装　A110-V1H05-31	下装　A110-V1G05-69	围巾　A110-V2Z06-31	
靴子　A110-Y5S02-99			

图4-1　例外品牌正挂陈列

（二）侧挂陈列

侧挂陈列是将服装侧向挂在货架挂通上的一种陈列形式，其缺点是不能直接展示服装正面的细节。在一般情况下，顾客只能看到服装的侧面，只有当顾客从货架上取出衣服后，才能清楚服装的整个面貌。侧挂的展示效果比正挂要差些，但优于叠装陈列。侧挂陈列的空间利用率比正挂陈列要高，但低于叠装陈列（图4-2）。

01A01-05 01Z02-81	01G01-05	02D01-05	01J05-05	02D01-05 01K02-05 02Y01-05	02D03-81	02A05-80	01F01-05	03C02-05	02A05-05	01K01-05	01N01-05 01Z02-81	02D05-81 01Z02-81	02A04-81	01N01-05	01J01-05	
No. 1	No. 2	No. 3	No. 4	No. 5	No. 6	No. 7	No. 8	No. 9	No. 10	No. 11	No. 12	No. 13	No. 14	No. 15	No. 16	No. 17

图4-2　例外品牌侧挂陈列

侧挂陈列的规则：

（1）侧挂的衣架、裤架款式应统一，挂钩方向统一向内。衣服熨烫平整，并根据服装款式闭合纽扣、拉链等。

（2）服装正面一般方向朝左，因为大多数顾客习惯用右手拿取商品。同一系列款式的货品陈列在一起，颜色由明到暗，尺码由小到大。面料由薄到厚，款式由短到长，相对最后一件服装要面向顾客。

（3）商品之间的距离需松紧适宜，在3~6厘米为宜。

侧挂陈列的优点在于可以尽可能多地陈列更多的商品，缺点在于不能一目了然地展示商品的特点。因此往往卖场都采用正挂与侧挂相结合的形式来进行陈列。

案例： 卡宾品牌正侧架组合陈列（图4-3、图4-4）。

图4-3　卡宾品牌正侧架组合陈列1

图4-4　卡宾品牌正侧架组合陈列2

二、叠装陈列

叠装陈列是将服装用折叠的方式进行展示的一种形式。叠装的空间利用率高，可以储存一定的货品，但只能展示服装部分细节，展示效果差。不同色彩的叠装组合可以形成一定的视觉冲击力，又或者是和其他陈列方式相配合，以增加服装展示空间视觉层次的变化。叠装陈列在休闲服装零售店中使用较多，一方面由于休闲装的款式和面料比较适合采用叠装形式，另一方面，价位较低的大众化休闲品牌，日销售量较大，店铺中需要有一定数量的货品储备，通常会大量采用叠装的形式以充分利用销售空间。一些高档男装或女装品牌采用叠装陈列主要是为了丰富销售场所中的陈列形式（图4-5）。

图4-5　叠装陈列

叠装的陈列规则：

（1）叠装的规格尺寸必须要整齐统一，同季、同类系列的货品在同一区域内，需要在叠装陈列的附近同时陈列同款的挂装，尽量将图案和花色展示出来。

（2）如果不考虑尺码的问题，应该从上到下、从小到大排列，颜色由浅到深，由冷到暖或由暖到冷渐变。层板上所叠服装的高度一致，并用统一规格存放。

（3）拆除包装，夏季为8~12件，冬季为4~6件，吊牌注意统一放在衣服内，不要显露在外面。将畅销款或亮色款放在黄金地点，又或是放置于商品相关联的陪衬品周围加以推销。

三、人模陈列

把服饰品穿戴在仿真模特人台上的一种陈列形式，简称为人模陈列。

人模陈列的优点是将服饰品用最接近人体穿着时的状态进行展示，可以使服装的款式风格、设计细节充分地展示出来。人模陈列通常用于橱窗陈列中或店堂内显著的位置上。用人模展示的服装，其单款的销售额往往比其他形式出样的服装销售额高。因此，服装零售店里的人模展示的服装，通常是当季重点推荐商品或最能体现品牌风格的服装（图4-6）。

人模陈列的规则：

（1）同一品牌的商业空间中，陈列模特风格统一。

（2）同一陈列空间中，通常由两个以上的人模组合展示，同组人模的着装风格、色彩应相对统一。

（3）除特殊设计外，人模上、下身均不宜裸露。

（4）不要在人模上张贴非装饰性的价格标牌等物品。

图4-6　人模陈列

第二节　突出看点的陈列技巧

一、系列化陈列

系列化陈列法，即通过精心地挑选、归纳、组织，将某些商品按照系列化的原则集中在一起陈列。系列的归类和组织可以有不同的方法，如主题、风格相同，款式不同的服饰；面料、颜色相同，款式不同的服饰等。

系列化陈列是通过错落有致、异中见同的商品组合，使顾客获得一个全面、系统的印象（图4-7）。

二、对比式陈列

对比式陈列法，是指在服饰商品的色彩、质感和款式上，或是在设计构图、灯光、装饰、道具、展柜、展台的运用上，采用对比式设计，形成展示物体间的反差式陈列方法。借助这一方法可以达到主次分明、相互衬托的陈列效果，进而实现突出新产品、独特产品、促销产品或专利产品等主要产品的目的。

对比式陈列法的特点是对比强烈、中心突出、视觉效果明显，大大加强了被陈列商品的表现力和感染力（图4-8）。

三、重复式陈列

重复式陈列法，是指同样的商品、装饰、POP等陈列主体或标志、广告等，在一定的范围内或不同的陈列面上重复出现。通过反复强调和暗示手段，递进加深顾客对服饰商品

图4-7　系列化陈列

图4-8　对比式陈列

或品牌印象的一种陈列方法。这种方法既可以使观众印象深刻，又可以使所有陈列面和谐统一，主题突出。

　　重复式陈列法的特点是使顾客受到反复的视觉冲击，从而在感觉和印象上得到多次强化，并且有"该商品是唯一选择"的暗示作用，给顾客留下十分深刻的印象（图4-9）。

图4-9　重复式陈列

四、对象式陈列

对象式陈列法是通过突出商品的功能、特点，或利用广告、道具和造景手段，强调商品的目标顾客，使展示和宣传具有明确的目标，并且可以加强与顾客的沟通，有助于提高对顾客的亲和力，起到引起顾客兴趣和好感的作用。

对象式陈列法的特点是目标明确、主题突出、标志性强、影响力集中，使顾客感受到归属感和亲切感（图4-10）。

图4-10　对象式陈列

五、层次性陈列

层次性陈列法是将同一卖点的不同商品，或同一品牌的不同商品，按照一定的分类方法、划分层次依次摆放。例如，可以分为时尚商品、畅销商品和长销商品；高档商品、中档商品和低档商品；系列商品、成套商品和单件商品；主要商品、配套商品和服饰配件等。层次陈列法是按顾客消费需要的不同，划分层次进行摆放，使顾客能迅速准确地找到自己的购买目标，方便快捷地进行选择和购买。陈列时应注意突出价格标签、品牌标志和POP等说明性标志。

层次性陈列法的特点是分类清晰、主次鲜明、标志突出，可以吸引不同类型的顾客，方便顾客比较和选购，进而营造良好的购物氛围（图4-11）。

图4-11　层次性陈列

六、场景式陈列

场景式陈列法是指利用商品、饰物、背景和灯光等，共同构成特定的场景，给人一种生活气息很浓的感受。同时，生动、形象地说明服饰商品的用途、特点，从而对顾客起到一定的指导作用。场景式陈列有许多形式可供选择，如按不同的季节、不同的主题风格、不同的生活空间、不同的自然环境、不同的艺术情调进行陈列。

场景式陈列法的特点是设置场景时，道具的使用、背景的陈列和灯光色调的选择十分重要。要像进行舞台设计一样，注重情调的体现与气氛的营造，并且要强调艺术性和创新性，使人既有身临其境的感觉，又可以得到启发和美的享受（图4-12）。

图4-12　场景式陈列

七、连带式陈列

连带式陈列法是指将相关的服饰商品放在一起陈列，如将西装和衬衫、领带、皮带以及其他相关的服饰品摆放在一起，并以此作为成套的系列商品进行连带式陈列。

连带式陈列法的特点是可以有效地激发顾客联想，启发顾客进行配套选购的需要，方便顾客进行对比和选择，从而产生成套购买的欲望。

进行连带式陈列时，要使商品在款式、色彩、风格、质量、价位等方面，务必做到合理、协调、方便地进行组合、搭配，并且要在陈列方法上体现出商品的主次，兼顾整体性、协调性和层次性（图4-13）。

图4-13　连带式陈列

八、广告式陈列

广告式陈列法是指利用平面广告、POP广告、影视广告、语言广告等来体现广告效应的陈列方式。广告陈列一般适用于以下情况：品种单一但价值较高、以品牌形象为宣传重点的服饰，如男装风格化的服饰商品；利用模特或形象大使进行宣传推广的商品；正在促销当中的商品等。这种陈列法主要起到广告宣传的效果，其目的是吸引顾客对服饰品牌或商品特点的关注，加深顾客对品牌的理解，并使顾客产生极为深刻的印象。

广告式陈列法的特点在于形象生动，极具视觉冲击力和强大的宣传推广作用，有利于形成品牌联想和加强品牌认知程度（图4-14、图4-15）。

图4-14　广告式陈列 1　　　　　　　　　　图4-15　广告式陈列 2

第三节　陈列道具应用

道具是陈列的基本工具，没有适合的道具就不能进行恰当的组合运用，就无法实现所期望的陈列效果。服饰品道具的设计和选用因品牌定位不同而有所区别，道具的造型、材质、色彩、格调要符合品牌的服装风格和商品特性。在现代服装零售业模式下，品牌为了追求利润最大化，多采取逐步扩大营销区域、开设连锁店等方式。因此，确保品牌终端销售形象统一的关键之一在于，采用统一的陈列道具。此外，服饰品道具的设计和选用还要受商品特征、陈列方式及销售方式三者的限定。即服装道具的运用要体现人性化，应考虑其对于商品陈列的适用性、对环境的协调性、各陈列元素之间的关联性等方面。不同的商品特征，需有不同的陈列方式和相应的道具与之配合。例如，贵重奢侈品，多使用封闭性的道具。

在服饰品道具的设计和选择中，设计师还必须充分认识各类道具的特征及材料的特性。不同材料具有不同的性格，适应与之相对应的部分服饰品。也就是说，材料不是越豪华、越贵重越好，而是在于品牌与服饰品的特点是否吻合、能否强化品牌与商品的个性，以及有无引发顾客的相关联想等。如石材有坚硬、豪华的性格；木材有温暖、朴实、亲切的性格；纺织品因各种面料的不同而有不同的性格。此外，同样的材料也因加工方式不同

图4-16　传统货柜

而在效果与性格方面有所差异。要善于利用道具材料和商品相对比，使之起到适当的衬托作用。

一、货柜

　　主要是货柜材料和形状的选择。一般的货柜为方形，适用于多数商品的陈列与摆放。但异形的货柜会摆脱呆板、单调的形象，增添活泼的线条变化，使店铺表现出曲线的趣味性。异形柜架有三角形、梯形、半圆形以及多边形等（图4-16、图4-17）。

二、展柜、鉴赏柜

1. 展柜

　　展柜是陈列、收纳商品的基本道具，同时还具有分隔空间的作用，也常用于空间结构布

图4-17　靠墙货柜

局。展柜有开放式和封闭式两种。开放式展柜的材料通常有金属、木质或塑料等。现代陈列设计中根据品牌定位和设计创意不同，也可用树脂、无纺布等材料制作而成。展柜内部空间通常由金属展架或木制层板组成，方便顾客和销售人员取放商品。现代服饰品销售终端也有舍弃传统展柜侧壁、只用钢索和木层构成的展示道具，更加简洁、方便，特别适用于空间相对狭小的服装店。封闭式展柜因展品与人隔离，使人产生价值上的差异感，贵重的珠宝首饰等商品通常会采用封闭式展柜。

展柜的高度是陈列道具设计中需要考虑的一个重要因素。最方便顾客拿取的高度在60～160厘米之间。高于160厘米不利于取放，适合摆放非主要销售商品或展示辅助性商品（图4-18、图4-19）。

图4-18 开放式展柜

图4-19　封闭式展柜

2. 鉴赏柜

鉴赏柜是珠宝首饰专卖店内的特殊展柜，常设置在店堂中央或初进店门的醒目位置。鉴赏柜的道具应少而精。少即数量少，如环岛拐角处的鉴赏柜台。此柜台整体空间不大，一般只选三四件道具即可，其中一件为主体道具，形态相对大、造型相对突出；其余几件可作为辅助道具，形体相对小、造型相对简单；辅助道具围绕主体道具摆放，形成高低错落、疏密有致的格局。

所谓精，即要求道具的质量好、造型美，并与所摆放的珠宝首饰品种相符，能够起到全方位展示珠宝首饰的作用。

鉴赏柜内的首饰是高贵、华丽、时尚、富有特色的。不少商家都拿出所谓的"镇店之宝"摆放在鉴赏柜。无疑是将最好、最美的一件珠宝首饰放于主体道具上，在辅助道具上放一些体积相对较小或配套首饰，这些饰品如众星捧月般围绕着主体首饰，起到突出主题、烘托气氛的作用（图4-20、图4-21）。

三、展台、展架

1. 展台

展台也称流水台，是服装陈列设计中重要的道具之一，常用于服装平面陈列和服饰整体搭配的效果或用来陈列人体局部模特、服装单品等。它的形态有很多种，比较常见的有长方形、正方形、圆形、S形等。材料也根据不同品牌的风格有多种不同选择。不同形态的展示台还可以根据不同季节或不同主题进行相应的组合应用，从而降低陈列成本，增加

图4-20　玻璃鉴赏柜

图4-21　店面鉴赏柜

新鲜感。展台设计的原则是，形态要符合陈列的需要，比例应符合视觉审美的需求，高度上则需符合顾客取放商品的便利性（图4-22～图4-24）。

图4-22　圆形展台

图4-23　异形展台1

图4-24　异形展台2

案例：2010年诺贝达公司前导台陈列设计（图4-25、图4-26）

该季的前导台采用规则的方形多层柜式结构，商品按照色彩的明度变化排列。其中，第一层和第二层均放置上衣，第一层除上衣外主要存放配饰和时尚款，第二层则是畅销款和经典款，第三层陈列裤装。这样陈列有两个重点，其一是可以通过上下的搭配让顾客感

图4-25　前导台陈列设计1

图4-26　前导台陈列设计2

觉色系和整体的和谐，其二是由于顾客购买上装的比例大于购买下装的比例，所以商家把更容易吸引顾客眼球的东西陈列在上面。在展示台上，指示牌可直接显示顾客最关心的价格和优惠活动，作用较大，应正面、平直摆放。

2. 特价台

特价台属于展台的一种，以陈列短期促销的商品最为适宜。以实用品为销售主力的商店，若采用太多的特价台，则容易给人造成拼命推销的印象，反而降低了商品的格调。

特价台是目前经常使用的陈列方式，在使用时应注意：

陈列是否明确表示特价品的有效期？若无期限，只会让人形成常卖便宜货的印象；

特价品的价格是否具有能引起顾客注意的说服力；

特价台多数是临时使用的销售方式，使用时是否采用普通柜台；

除了拍卖期间，最好少用特价台。对高级商品而言，特价是毫无意义的。

3. 展架

在陈列中，常用的展架类型有挂通、龙门架、象鼻架（也称象鼻钩）、T形架等。挂通和龙门架可以陈列较多数量的服装，陈列效率高但陈列效果差，顾客只能看到服装的侧面效果。挂通和龙门架通常放置在陈列空间的边缘靠墙位置。象鼻架用来展示服装的正面效果，陈列效果好，但陈列数量较少。服装陈列中，通常将几种展架结合使用，以弥补各种展架的不足，优势互补，丰富展示空间内容（图4-27～图4-29）。

图4-27　高档男装店挂通　　　　　　　　　　　图4-28　异形展架1

图4-29　异形展架2

案例：诺贝达公司展架

点挂、溜杆的运用（图4-30～图4-33）。

溜杆就是吊杆，最常用的是单杠溜杆，一般陈列裤子（图4-30、图4-31）。

图4-32中为标准陈列。正装样面同款两件出样，正挂搭配领带，正挂数量为3件。裤子位于第二位置，裤脚统一并拢。侧挂通出样件数为七件。

排列规律——衬衫+西服+裤子+衬衫+西服+裤子+衬衫（夏季）

西服+衬衫+裤子+西服+衬衫+裤子+西服（冬季）

注意，侧挂第一件为西服时，西服内需搭配一件衬衫。

图4-33为新形象陈列。120厘米的侧挂通陈列标准为5款，共10件。有一款正挂时，侧挂为6件，叠装色系与样面商品色相协调。

四、墙面、展板

墙面、展板等陈列道具的应用主要表现在墙面装饰材料、颜色的选择以及壁面的利用等方面。店铺的墙壁设计，应与所陈列商品的色彩内容相协调，并与店铺的环境、形象相适应。一般可以在壁面上架设陈列柜、安置陈列台、安装一些简单设备、摆放一部分服装等，也可以用来作为商品的展示台或作装饰用途（图4-34、图4-35）。

图4-30　单杠溜杆陈列1　　　　　　　　　　图4-31　单杠溜杆陈列2

图4-32　标准陈列　　　　　　　　　　图4-33　新形象陈列

图4-34　特殊展示墙

图4-35　品牌展示墙

五、中岛

中岛是摆放在服装店中间的重要展示道具，通常由小型挂通、象鼻架、T形架、层板等组成。由可调节部件组合而成，所以在使用时可以根据不同季节的商品色彩、数量、风格等展示需要来调整其道具的数量和高度，不同的组合方式由此产生，还有将中岛与展台、展柜进行结合的展示设计（图4-36、图4-37）。

图4-36　中岛1　　　　　　　　　　　　　　　图4-37　中岛2

中岛区域道具（图4-38、图4-39）。

图4-38　中岛区域道具

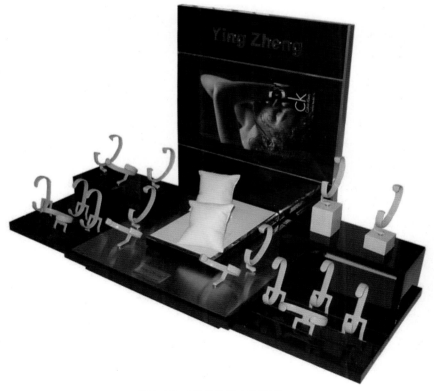

图4-39　手表卖场中岛道具

六、衣架

衣架是服饰品陈列中应用最广泛的基本道具，不同品类的服饰品都有相应功能的陈列衣架。不同品牌由于商品风格的区别，衣架的设计在满足功能的前提下还可以在色彩、质地上有许多变化。比如，高档服装可以选择比较昂贵的深色木质衣架来提升品质感；年轻、前卫的服装可以选择跳跃的色彩或金属色、树脂材料的衣架来彰显时尚的格调。

衣架设计除了要考虑不同的风格特点，还要根据不同服装款式的陈列需要进行设计。如深V领口或阔开领上衣，款式的特点致使服装在取放时容易滑落，因此应特别注意衣架的防滑效果，通常可以采用防滑材料或在衣架肩部加防滑衬垫；男士西服衣架的肩部要符合人体的肩部结构，以防止服装悬挂变形；女士吊带裙、吊带背心等应选用有防滑钩的衣架；裤子、裙子可选用专业的裤架（图4-40、图4-41）。

图4-40　有色衣架

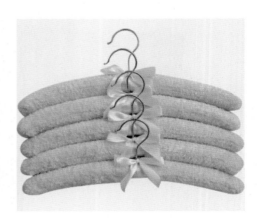

图4-41　童装甜美衣架

图4-42　内衣标准架

案例：内衣陈列及衣架的使用

内衣的陈列不同于一般服装的陈列，内衣颜色、花式丰富，因而在主题的选择上不及成衣方便陈列。另外，内衣又是一种很私密的物品，需要花心思去陈列更好，尤其款型与衣架的配合更加需要独具匠心，借以达到最好的视觉效果。

图4-42是一般内衣的标准架，高度为140厘米，第一层挂壁距离地面135厘米，每一层挂壁的间距为30～33厘米。

图为内衣店的大衣架和小衣架，大衣架通常用来陈列睡衣、保暖衣和背心等服装类型；小衣架用来陈列文胸和小内裤等（图4-43、图4-44）。

图4-43　大衣架

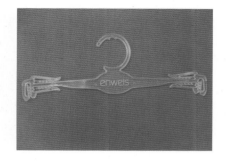

图4-44　小衣架

七、地板

　　地板可通过地面装饰材料、颜色的选择、地板图形设计等方面来达到陈列道具的功能。就图案和颜色来说，服装店要根据不同的服装种类来选择地板图形。一般情况下，女装店应采用圆形、椭圆形、扇形和几何曲线形等曲线组合为特征的图案，整体风格柔和；男装店应采用正方形、矩形、多角形等直线条组合为特征的图案，整体风格阳刚、稳定；童装店可以采用不规则图案，如卡通图案来打造活泼、跃动的氛围（图4-45、图4-46）。

图4-45　几何形图案的地板设计1

图4-46　几何形图案的地板设计2

　　就地板的用料和装饰来说，商业场所所选用的地板的关键是结实、耐用。地板的使用寿命可以是一年到二十年不等，如何选择取决于商家的需求。地板的质量往往透露出店内商品的质量。廉价的地板易磨损，比如塑料地板或者地毯，因此可作为一种快速的应急措施；价格昂贵的地板使用期限长，比如花岗岩、大理石或纯羊毛地毯，且给人一种奢华的感觉。

八、天花板

天花板在营造整个商业空间的氛围中起到了巨大的作用。大多情况下，它不被人们注意，但其功用毋庸置疑。天花板里安装了照明设施、空调通风管、火警报警器，有时还有喷洒装置和音乐扬声器等。它的设计形式可以通过三种类型来表现：垂吊式天花板、天花板浮遮和敞开式天花板。

垂吊式天花板由木架建成，这种天花板空间效果好，外观看起来非常整洁；天花板浮遮只能覆盖天花板的部分区域，通常设在具体的室内元素的上方，以便通过空间的间隔形成一种独特的布局；敞开式天花板没有任何垂吊元素，这样的天花板内部结构完全清晰可见，通常适用于一些折扣卖场。

九、人模

人体模特分仿真模特、雕塑人体模特、人体局部模特、人台等形式。仿真模特也称拟人模特，其形象酷似真人，常用于橱窗或店内主要销售商品的陈列。仿真模特也有多种风格可供选择，如青春活泼、时尚俏丽、成熟稳重等。不同品牌的服装定位不同，往往会根据品牌风格定制专有的展示模特；雕塑人体模特也称为意向性模特，常见的有黑色、灰色等。与拟人模特相比，它更具雕塑感，也比较抽象；人体局部模特常用于陈列单品类商品，如裤子、帽子、首饰、手表等服饰品；人台比拟人模特造价低，常用于中低档品牌的商品陈列。随着科学技术的不断进步以及设计思想的不断开拓，有越来越多的新材料模特被应用于服饰品陈列中（图4-47、图4-48）。

图4-47　仿真模特

图4-48　人体局部模特

人模道具如图4-49、图4-50所示。

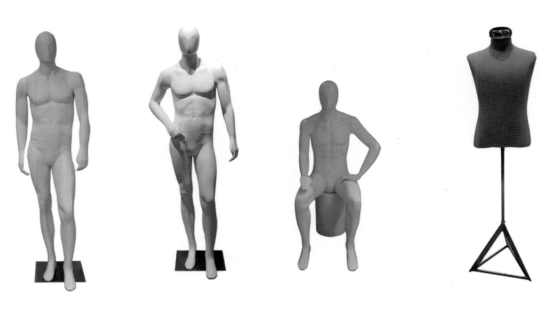

图4-49　全身人模道具　　　　　　　　　　图4-50　半身人模道具

十、其他辅助道具设计

（一）宣传海报

宣传海报又称POP海报，采用图片和文字相结合的形式来传达品牌的营销信息，通常摆放在服装店的出入口处或橱窗中。我国古代酒肆外面悬挂的葫芦、酒旗等可以说是宣传广告的鼻祖，有些标志甚至沿用至今。

POP海报的主要商业用途是刺激、引导消费和活跃卖场气氛。其形式有户外招牌、展板、橱窗海报、店内台牌、价目表、吊旗，甚至是立体卡通模型等。服装陈列中的

POP海报常为短期的促销使用，其主要形式有悬挂式、台式、卡片式等。表现形式大多夸张幽默、色彩强烈，能有效吸引顾客的注意力，进而诱发顾客的购买欲（图4-51、图4-52）。

图4-51　大幅橱窗海报

图4-52　照片式宣传海报

案例：摩高公司宣传海报

2011年冬季陈列宣传品介绍如图4-53、图4-54所示。

2012年春季陈列宣传品介绍如图4-55～图4-58所示。

名称：小EZ框；

尺寸：10厘米×8.4厘米；

材质：250克铜版纸印刷；

使用范围：门店卖场内、小EZ框架内。

图4-53　摩高公司宣传海报1

名称：男女主角形象；

尺寸：根据实际尺寸设计；

材质：灯布、背胶、灯片等；

使用范围：店铺、户外广告。

图4-54　摩高公司宣传海报2

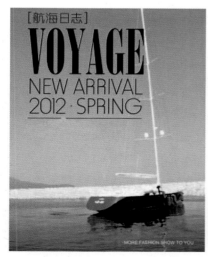

名称：入口KT；

尺寸：59.5厘米×90厘米；

材质：冷板KT亚膜；

使用范围：门店入口处（入口KT架）。

图4-55　摩高公司宣传海报3

名称：男女主角形象画；

尺寸：根据实际尺寸设计；

材质：灯布、背胶、灯片等；

使用范围：店铺、户外。

图4-56　摩高公司宣传海报4

名称：男装相框画（大）；
尺寸：39.5厘米×54.5厘米；
材质：相纸；
使用范围：背墙层板、商务柜。

图4-57 摩高公司宣传海报5

名称：女装相框画（大）；
尺寸：39.5厘米×54.5厘米；
材质：相纸；
使用范围：背墙层板、商务柜。

图4-58 摩高公司宣传海报6

无论哪一季的海报或相片，都是以当季的设计主题为基础，通过主题突出、形式丰富、内容全面的商品信息展现形式来达到宣传推广的目的。

（二）装饰性道具

服饰品陈列设计中，除了灯光、色彩和布局等要素的结合统筹外，往往还要借助装饰品来烘托陈列主题、渲染气氛、丰富陈列空间。装饰性道具涉及的种类很多，从形式上划分有平面和立体两种。平面的形式包括照片、装饰画、丝巾、广告招贴等；立体的形式包括绿色植被、花饰、雕塑、陶瓷、布艺等（图4-59、图4-60）。

图4-59 装饰性道具1

图4-60 装饰性道具2

其他道具使用如图4-61～图4-64所示。

⊃ 名称：封闭式橱窗背胶
⊃ 尺寸：根据实际橱窗尺寸设计
⊃ 材质：背胶亚膜
⊃ 使用范围：橱窗背景墙面

⊃ 名称：橱窗地面贴
⊃ 尺寸：根据实际橱窗尺寸设计
⊃ 材质：水白亚膜
⊃ 使用范围：橱窗地面

⊃ 名称：橱窗侧墙背胶
⊃ 尺寸：根据实际橱窗
　　　　尺寸设计
⊃ 材质：水白亚膜
⊃ 使用范围：橱窗侧墙

封闭式橱窗背胶（背胶亚膜）有A4小样
根据小样画面安装（背胶画有颜色渐变，必须按小样安装）

图4-61　特殊道具

⊃ 名称：旅行箱
⊃ 尺寸：120厘米×60厘米
⊃ 材质：木质
⊃ 使用范围：终端店铺橱窗

⊃ 名称：烛台
⊃ 尺寸：135厘米×40厘米
⊃ 材质：不锈钢
⊃ 使用范围：终端店铺橱窗

⊃ 名称：风灯
⊃ 尺寸：135厘米×40厘米
⊃ 材质：铁质
⊃ 使用范围：终端店铺橱窗

⊃ 名称：自行车
⊃ 尺寸：135厘米×40厘米
⊃ 材质：不锈钢
⊃ 使用范围：终端店铺橱窗

⊃ 名称：相机
⊃ 尺寸：135厘米×40厘米
⊃ 材质：塑胶
⊃ 使用范围：终端店铺橱窗

图4-62　实物道具

⊃ 名称：橱窗不干胶贴
⊃ 尺寸：100厘米×100厘米
⊃ 材质：不干胶
⊃ 使用范围：橱窗玻璃

⊃ 名称：橱窗船帆
⊃ 尺寸：100厘米×190厘米
⊃ 材质：灯箱片（双面色）
⊃ 使用范围：橱窗内悬挂

⊃ 名称：橱窗船帆
⊃ 尺寸：190厘米×100厘米
⊃ 材质：灯箱片（双面蓝色）
⊃ 使用范围：橱窗内悬挂

图4-63　道具材料

⊃ 名称：海舵
⊃ 尺寸：直径44厘米
⊃ 材质：木质
⊃ 使用范围：层板、模特组、商务柜

⊃ 名称：仿真花
⊃ 尺寸：小型盆栽
⊃ 材质：塑胶
⊃ 使用范围：层板、商务柜、展示台

⊃ 名称：海锚
⊃ 尺寸：60厘米×43厘米
⊃ 材质：木质
⊃ 使用范围：层板下方、模特组、橱窗

图4-64　实物道具

　　我们看到的这些道具，都是店铺里比较常用的，通常在陈列手册中会表示出来，也可以根据自己的商品特点做出一些特殊的陈列道具，例如一些专用于陈列的领带或围巾等小配件。设计师可结合运用不同的材料如：木质或透明塑料等。总之，道具的选择应在体现功能的基础上发挥其符合审美品位的艺术性。

本章小结

■　从类别上讲，服饰品陈列的分类主要有挂装陈列、叠装陈列和人模陈列三种方式。

■　服饰品道具的设计和选择，必须配合品牌的风格和服装的特点，起到适当的烘托作用。

■　展柜是陈列、收纳商品的基本道具，开放式展柜的材料通常有金属、木质或塑料等。

■　鉴赏柜是珠宝首饰专卖店内的特殊的展柜，其内部陈列的首饰是高贵、华丽、时尚、富有特色的。

■　展台也称流水台，常用于服装平面陈列和服饰整体搭配的效果，也可用于陈列人体局部模特、服装单品等。

■　常用的展架类型有挂通、龙门架、象鼻架（也称象鼻钩）、T形架等。

■　中岛由可调节部件组合而成，所以在使用时可以根据不同季节商品的色彩、数量、风格等展示需要来调整道具的数量和高度。

思考题

1. 任意写出三个服饰品陈列的技巧，并对其设计做出相应的分析。
2. 卖场内部的陈列道具有哪些？它们的特点分别是什么？
3. 简述货柜、展柜、展架、墙面展板几种道具的区别，并做出优劣势分析。

专业理论及专业知识——

橱窗

课程名称：橱窗

课程内容：1. 橱窗视觉艺术的意义

2. 橱窗的分类

3. 让商品自己说话

4. 橱窗设计的手法

5. 如何将橱窗布置成舞台剧

6. 橱窗陈列设计案例欣赏

上课时数：6课时

教学目的：通过对橱窗内部构造和设计的学习，学会如何正确地将商品陈列在橱窗中。

教学方法：文字讲解与图片介绍相结合。

教学要求：1. 使学生了解不同服饰品店的橱窗的种类。

2. 使学生了解如何正确地将形式美法则运用到橱窗设计中。

3. 加大学生设计手法的灵活性，将橱窗布置成无声的舞台。

课前准备：以文字的讲解结合图像进行直观介绍，并查阅国内外相关案例资料，在教学中指导说明。

第五章　橱窗

　　橱窗是服饰品专卖店中展示与销售的重要组成部分，有视觉冲击力的服饰品橱窗不仅能抓住顾客的视线，也将牢牢抓住顾客的心，任何商家都不会忽视橱窗的设计与陈列布置。橱窗能够展现服饰品品牌的个性和风格，并将其档次和价格信息体现出来。

　　由于橱窗的直观陈列效果，使它比电视媒体和平面媒体具有更强的说服力和真实感。其无声的导购语言、含蓄的导购方式，也是专卖店中的其他营销手段无法替代的。一个设计构思巧妙的橱窗设计，可以在短短几秒钟内吸引人的脚步，说服消费者光顾专卖店。曾经有人把商店比喻成一本书，把橱窗比喻成书的封面。假如一本书的封面都设计得毫无吸引力的话，那么读者还会打开这本书去阅读吗？

　　在欧洲，橱窗陈列已有一百多年历史。人们已经习惯于根据橱窗买东西，所以外国知名品牌对橱窗设计都非常重视。他们不仅投入大量的资金，而且设计上也做到别具一格。相比而言，我国的橱窗设计并没有引起服饰品相关企业的足够关注，目前还有许多服饰品品牌更多地潜心于款式设计研究，而对于橱窗设计却相对比较懈怠。橱窗的布置常常杂乱无章，毫无创意。

第一节　橱窗视觉艺术的意义

一、建立企业文化及品牌形象

　　橱窗陈列是提升品牌价值的途径之一，是沟通品牌与消费者之间的一座桥梁。好的橱窗设计，可以使企业的文化和品牌形象得到充分展示，达到高效的信息传递和信息接收目的，实现品牌与消费者之间的交流，是消费者认知、认可品牌的重要途径。

二、视觉沟通的直接性

　　橱窗陈列是传达商品信息的重要手段。设计者通过陈列将商品的性能、特点等信息完整、准确地传达给受众。在这一过程中，空间设计、灯光控制、平面配置、色彩、道具等元素的综合调控，是创造独特的视觉效果并赋予商品鲜活生命力的重要手段。通过这一视觉沟通的直接性，使具有潜在购买力的消费者对该品牌商品产生兴趣，萌发购买欲望，从而达到销售商品的目的。

三、视觉沟通的吸引性

在商业市场营销中，顾客的进店率是衡量陈列设计优劣的一项重要指标。调研显示，有65%的顾客认为吸引她们进店的因素依次为品牌、橱窗、促销信息、导购介绍、朋友推荐。可见橱窗陈列在企业文化传播和商品销售过程中的重要性。顾客是否有兴趣进入服装店往往是在看到橱窗陈列信息后的几秒钟内所作出的决定。

四、视觉沟通的诠释性

橱窗陈列以最直观的方式传递时尚信息，以艺术化的手法带给人们美的享受，可以说橱窗陈列是时代的镜子，通过橱窗陈列传递的是一个城市、一个时代的精神面貌。徜徉在现代商业中心中，即使没有购物也可以感受到各个品牌橱窗带给人们的美的体验。

第二节 橱窗的分类

一、服装品类橱窗的结构形式

橱窗可位于店面、走道及店内等位置，不同的位置实现不同的吸引目标。当然，店面始终是橱窗位置的首选，橱窗与店门组合在一起是最常见和有效的结构形式。

（一）封闭式

封闭式橱窗多用于较大型服装商场，橱窗的后背有隔板将橱窗空间与店内空间隔离，侧面有可供陈列人员出入的小门。这类橱窗空间独立，有利于置景和商品陈列与照明，烘托渲染的手段也便于发挥，具有较强的舞台视觉效果，适用于营造各种不同的场景气氛（图5-1、图5-2）。

图5-1 封闭式橱窗1

图5-2　封闭式橱窗2

图5-3　敞开式橱窗1

（二）敞开式

敞开式橱窗在大型规模或小型规模商店中都常被运用，尤其是小型商店，由于其店堂面积有限并需自然采光，因此常用这种形式。敞开式橱窗没有后背隔板，直接与店内空间相通，在橱窗外可以直接透过玻璃看到店内的面貌。此类橱窗陈列设计要考虑内外两种观看效果，巧妙的设计对延伸和显示店堂内部空间、展示商品及吸引顾客有独特的作用。目前，这种橱窗形式已成为现代服装商店的主流（图5-3、图5-4）。

（三）半敞开式

半敞开式橱窗的背景墙面与店堂采用半隔绝、半通透形式，其半隔绝的背景墙设计，一般可采用木隔板、

图5-4 敞开式橱窗2

玻璃或喷砂玻璃等半透明材料，结构上可以是上下竖向或左右横向的半隔绝、半通透形式。这类橱窗集中了敞开式和封闭式两种橱窗的特点，无论从内、外观看，均使人感到似透不透、透中有隔、隔而不堵，店内店外相得益彰，目前在市场上应用较多（图5-5、图5-6）。

图5-5 半敞开式橱窗1

图5-6 半敞开式橱窗2

二、珠宝首饰类橱窗的结构形式

（一）从位置分类

店头橱窗：店头橱窗是指面向街道或门店外的一些展示型橱窗。这类橱窗通常陈列的是当季的新品、鉴赏品和最具有品牌特色、时尚前沿的商品。店头橱窗旨在让消费者看到它们时，能在最短的时间内感受到商品的魅力，再进一步进店选购。（图5-7～图5-10）。

图5-7 店头橱窗1   图5-8 店头橱窗2

图5-9　店头橱窗3

图5-10　店头橱窗4

图5-11　店内橱窗1

店内橱窗：店内橱窗实际是指陈列一些配件的玻璃专柜，用于陈列一些虽然不是主体商品但是较具吸引力的商品。在鞋店和首饰店中会陈列一些新款或特殊款，这是整个店的点睛之笔（图5-11～图5-14）。

图5-12　店内橱窗2

图5-13　店内橱窗3　　　　　　　　　　图5-14　店内橱窗4

（二）从橱窗朝向分类

（1）前向式橱窗：橱窗为直立壁面，单个或多个排列，面向街外或面对顾客通道。一般情况下，顾客仅能从正面方向看到陈列的商品（图5-15、图5-16）。

图5-15　前向式橱窗1　　　　　　　　　　图5-16　前向式橱窗2

（2）双向式橱窗：橱窗平行排列，面面相对伸展至商店入口，或设置于店内通道两侧。橱窗的背板多用透明玻璃制作而成，顾客可在两侧观看到陈列的展品（图5-17、图5-18）。

图5-17　双向式橱窗1

图5-18　双向式橱窗2

（3）多向式橱窗：橱窗往往设置于店面中央，橱窗的背板、侧板全用透明玻璃制作，顾客可从多个方向观看到陈列的展品（图5-19～图5-21）。

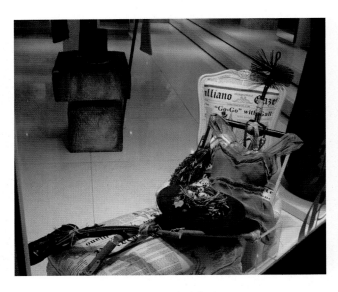

图5-19　多向式橱窗1

图5-20　多向式橱窗2

图5-21　多向式橱窗3

第三节　让商品自己说话

一、场景式陈列

　　场景式陈列是将商品置于某种设定的"生活场景"中，让商品成为角色，通过特定的场景传达生活环境中商品使用的情景、使用者的情绪等。场景式陈列不仅能够充分展示商品的功能、外观特点，而且能将使用者在使用该商品时的状态和情绪体现出来。现代流行时尚与人们生活方式、生活体验密切相关，把不同的生活场景应用于橱窗陈列之中，使消费者产生共鸣，把眼前的情绪与自己的体验联系起来，感觉品牌商品、文化与自身的生活体验近似，进而产生亲切感以及对品牌的认同感和归属感，最终达到促进销售的目的（图5-22、图5-23）。

图5-22　反映社会现状橱窗

图5-23　反映生活场景橱窗

二、系列式陈列

　　系列式陈列是指将同类的物品按照某种特定关系组合成一个整体的陈列方式。如同风格不同款式的系列式陈列、同质不同类的系列式陈列、同类不同质的系列式陈列等。另外，同一个品牌的连锁店或多个不同直营店的橱窗，采用相同主题或场景，但因场地不完全相同，应做相应的设计与调整。相同品牌的系列式陈列可以增加趣味性，避免单调、乏味的视觉感受（图5-24～图5-27）。

图5-24　日本街头系列式橱窗陈列1

图5-25　日本街头系列式橱窗陈列2

图5-26　爱马仕品牌系列式橱窗陈列1

图5-27　爱马仕品牌系列式橱窗陈列2

三、专题式陈列

专题式陈列是指以某一个特定事物或主题为中心，组织不同品类而又有一定关联性的商品进行组合陈列，形成一个整体的商品陈列形式。这种陈列方式有强化概念、普及知识、深化主题的作用。

例如，反映社会现状的橱窗陈列。社会的变迁深深地影响着人们的观念和意识，也成为引导时尚潮流的主导力量。今天的流行现象，与社会观念和人们的生活体验息息相关，如果运用在橱窗陈列设计上，很容易与受众产生情感上的共鸣（图5-28、图5-29）。

图5-28 反映都市生活的专题式橱窗陈列1

图5-29 反映都市生活的专题式橱窗陈列2

　　通常与社会形态有关的设计主题很多，其中比较典型的主题有以下四种：生态环保、返璞归真、运动时尚、都市生活（图5-30、图5-31）。

图5-30　环保主题橱窗陈列1

图5-31　环保主题橱窗陈列2

四、节日式陈列

节日往往是商品销售旺盛的时期，节日陈列是服饰品橱窗陈列的重要内容。一年之中，东西方的各种节日非常丰富，常见的节日陈列有以下三种。

（一）情人节

情人节是一个来自于西方的节日，顾名思义是一个属于年轻人的节日。商家通过许多有效的陈列方式，为消费者提供在观看橱窗后促使感情升温的氛围，当然也会一定程度地增加购买的可能性。情人节的特点应该是浪漫的、美好的、让人心动的，所以在橱窗陈列时，使用的道具材质要柔和，不要运用过多铁链、石头等硬度较大的材料，道具的选择上可多用心形图案、玫瑰花、丘比特玩偶等表示爱情的元素；灯光要以暖色光为主，将顾客带到浪漫的色彩氛围当中；颜色的选择较丰富，例如，红白相间可体现浪漫的色彩主题（图5-32、图5-33）。

图5-32所示是某休闲服专卖店的情人节橱窗，该品牌运用色彩来呼应情人节主题，红色和白色相搭配的运用能够凸显浪漫的节日主题，引人入胜。

图5-33所示是马克·雅各布（Marc Jacobs）品牌的情人节橱窗，心形图案的道具设计是情人节的特有产品，对其的大量运用可以烘托气氛，增加节日的装饰性。

（二）圣诞节

在节日式陈列中，每年最为隆重的就是西方的圣诞节了，各个商家都会提前渲染节日

图5-32　情人节橱窗陈列1

图5-33 情人节橱窗陈列2

气氛，延长节庆消费的日期区段。圣诞节的热烈喜悦氛围非常浓厚，服饰品陈列的橱窗也通过将蜡烛、雪花、圣诞树、圣诞彩蛋等传统元素与商品结合以凸显主题。色彩上，红色、白色、绿色、银白色是惯用的色彩选择（图5-34~图5-36）。

图5-34、图5-35所示是香奈儿（Chanel）品牌的圣诞节橱窗，金色、白色体现了圣诞

图5-34 香奈儿（Chanel）品牌圣诞节橱窗陈列1

图5-35　香奈儿（Chanel）品牌圣诞节橱窗陈列2

图5-36　古琦（Gucci）品牌圣诞节橱窗陈列

节的主题，让顾客感受到寒冷冬日中如阳光般温暖的热烈气氛。图5-34所示，打开的卵形道具体现出女人的蜕变，完全符合香奈儿的品牌主题；图5-35中，天花板金色的垂吊圆球饰品有模拟雪球的感觉，更好地诠释了圣诞节的节日气氛。

图5-36所示是古琦（Gucci）品牌专卖店的圣诞节橱窗，运用传统的红色、绿色和金色相搭配，能够完全地体现圣诞节的主题，橱窗呈现了各种该品牌的特色心形图案刺花设计，轻松的设计希望所有人都能拥有一个愉快的节日！

（三）中国春节

在中国，春节是最富有感染力的节日，人们走亲访友增进感情，逛街购物慰劳自己一年的辛苦，所以商家有针对性地利用富有节日特色的商业陈列来烘托节庆气氛。红色、黄色是最具有中国传统意味的色彩，在中式传统节日陈列时经常使用。商家结合各种图案形式的中国结元素、大幅的春联、堆砌的雪人等道具，再将融入场景的演示中，用以体现节日合家欢庆的热烈气氛（图5-37）。

图5-37　埃斯普利特（Esprit）品牌的春节橱窗

图5-37所示是香港地区埃斯普利特（Esprit）品牌的春节橱窗，商店布满了红色的涂漆背景，橱窗贴花则采用传统的老虎图案，让模特身上穿着贴身衣服搭配背景中的老虎头图案。

五、季节式陈列

许多商品都有销售的淡、旺季之分，从这一层面来说，服饰品是其中最典型的商品形式。服装、鞋、包的生产、发布和营销都以季节为依据。季节式陈列是按照一年四季的变化来陈列，通过相应的主题和内容创造典型的季节气氛，使符合季节特征的商品得到充分展示，以促进销售。现代服饰品陈列中，激烈的竞争使许多品牌将产品设计与营销划分得更加细致。商品按照更明确的季节如初春、仲春、初夏、盛夏、初秋、深秋、初冬、严冬等来规划上市时间，因此我们的橱窗也应该做出相应的陈列，用以配合品牌商品陈列的主题。

（一）春夏季橱窗陈列

设计师们往往喜欢运用白色、裸色、绿色来打造统一的春夏季造型，运用明度比较高的色彩，结合轻透、简约的质地，营造出春夏季的万物复苏与热情（图5-38、图5-39）。

图5-38　春夏季橱窗陈列1　　　　　　图5-39　春夏季橱窗陈列2

图5-38和图5-39所示均是老佛爷百货（Galeries Lafayette）的橱窗展示，体现出巴黎春季的鲜艳色彩。饱满的色彩驱散了冬日长期的沉闷气氛，取而代之以春意盎然的轻松氛围。

（二）秋冬季橱窗陈列

运用明度较低的色彩、厚重的材料来营造出秋冬收获的气氛。这时，包括帽子、靴子、围巾、皮草、手袋等都成为点缀橱窗的重要道具，以提升橱窗的设计亮点，完美地打造出能唤起人们情感的橱窗陈列（图5-40、图5-41）。

图5-40　秋冬季橱窗陈列1

图5-41　秋冬季橱窗陈列2

六、广告立体式陈列

此类陈列适合于品牌形象的强化与新产品的推广宣传。除商品实物外，通常以生动的文字、图像增进人们对新产品的了解和使用信心（图5-42）。

图5-42　广告立体式陈列

图5-43　综合式陈列1

七、综合式陈列

综合式陈列将许多相同或不同品类、不同性质的物品进行组织陈列在同一个空间环境中，组合成为一个完整的橱窗广告，借以传达一种总体的产品印象。这是综合性百货商场或多品类经营的品牌常用的陈列方式。综合式陈列要注意所陈列商品间的条理性和主次关系，避免给人杂乱无章的视觉感受（图5-43、图5-44）。

图5-44　综合式陈列2

案例：卡宾品牌春季主题橱窗陈列方案（图5-45～图5-50）

1月橱窗模特必穿款——1个模特

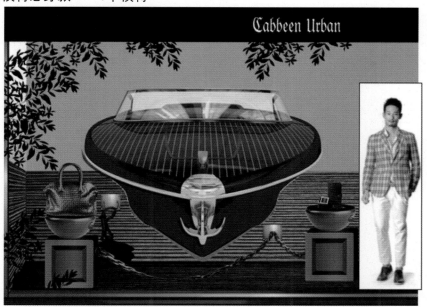

如店铺没有相应货品请找相同颜
色或类似的款式代替

模特产品
西服（212113301807）
衬衫（212111001507）
时裤（212112702425）
鞋（212120400437）

图5-45　卡宾品牌春季主题橱窗1

2月橱窗模特必穿款——1个模特　　　　　　**Cabbeen Urban**

如店铺没有相应货品请找相同颜
色或类似的款式代替

模特产品
西服（212113301906）
衬衫（212110903708）
时裤（212112701302）
鞋（212120400437）

图5-46　卡宾品牌春季主题橱窗2

3月橱窗模特必穿款——1个模特　　　　　　**Cabbeen Urban**

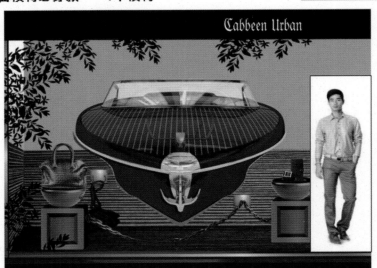

如店铺没有相应货品请找相同颜
色或类似的款式代替

模特产品
衬衫（212110903855）
时裤（212112700701）
鞋（212120400455）

图5-47　卡宾品牌春季主题橱窗3

1月橱窗模特必穿款——2个模特

如店铺没有相应货品请找相同颜
色或类似的款式代替

左边模特产品	右边模特产品
风衣（212113700307）	西服（212113301807）
衬衫（212110903202）	衬衫（212111001507）
时裤（212112702425）	时裤（212112702425）
鞋（212120400455）	鞋（212120400437）

图5-48　卡宾品牌春季主题橱窗4

2月橱窗模特必穿款——2个模特

如店铺没有相应货品请找相同颜
色或类似的款式代替

左边模特产品	右边模特产品
西服（212113301301）	西服（212113301906）
衬衫（212111003302）	衬衫（212110903708）
时裤（212111603908）	时裤（212112701302）
鞋（212120400455）	鞋（212120400437）

图5-49　卡宾品牌春季主题橱窗5

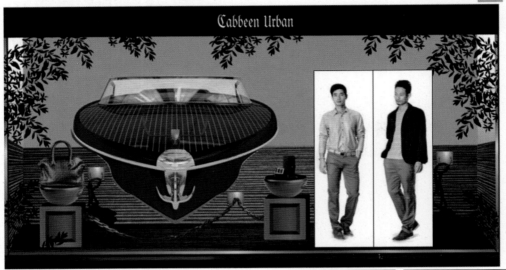

图5-50 卡宾品牌春季主题橱窗6

卡宾品牌在春季主题的橱窗陈列中，把握季节的因素，结合场景的搭配，形成主题明确的橱窗陈列。由此可见，任何一个橱窗陈列都不可能是单一存在的，都是在时间、地点结合得非常紧密的情况下，将场景式陈列、主题式陈列、季节式陈列等多种陈列手法结合运用。由于商品的上货时间、上货波段的不同，直接决定了各式橱窗陈列的组合方法和陈列技巧的应用大相径庭，从而极大地丰富了橱窗的展示效果。

第四节　橱窗设计的手法

橱窗的设计手法多种多样，根据橱窗尺寸的不同，我们可以对橱窗进行不同的组合。小橱窗就是大橱窗的缩影，只要掌握了橱窗的基本设计规律，这些专业知识同样适用于大型橱窗的陈列设计之中。

一、橱窗设计的构图

在橱窗设计前，为了让展示的商品得到预期的展示效果与销售效果，就要对商品的陈列设计表现形式进行策划、设计，使之构成最终的陈列效果，这一过程被称为服饰品橱窗设计的前期策划。前期策划最常用的方法有均衡法和对比法两种构图方法。

（一）均衡法

均衡即平衡，在橱窗陈列中，陈列的数量、材料等在视觉上应该是平衡的、稳定的。例如橱窗中，人体模特的摆放是关键，因此模特的数量与位置都会影响着橱窗视觉的平衡与协调。

人体模特通常采用两个及以上的组合，其各自的动态及相互间的位置关系可参考以下方式：

若采用两个模特，人体模特儿可并排立于橱窗一侧，或居中摆放，但要注意两者之间的位置关系，这一般由模特的姿势与脸部朝向来决定。此外，设计师通过服饰色彩的配合也可形成一定的纵深感和层次感，一般靠后的模特应该选择较深的服饰颜色，位置靠前者则相反（图5-51）。

图5-51　两个模特的动态及位置关系

若采用三个或多个模特，可采用前一后二或前二后一的排列方式，使其具有空间感的同时，还应注意动感和协调感的把握；三者并列摆放时，可适当采用姿势的变化，但需要在动态上有所呼应；斜线排列时，橱窗整体极具层次感，适于表现服饰品的组合和色彩的过渡，但在这一过程中应灵活运用以避免呆板（图5-52）。

图5-52　三个模特的动态及位置关系

（二）对比法

对比法又称为比较法，即通过大小对比、主次对比、质感对比等多种手段将商品主体从背景中突出地显现出来的一种手法。

对比法又是一种利用物体自身体积或面积在所占空间中的大小关系的对比来突出主体事物的手法。

主次对比是一种对主要商品的陈列进行重点雕琢，对次要商品或装饰物进行约略地布置以突出主要商品特色的陈列手法（图5-53、图5-54）。

二、橱窗设计的变化组合

在掌握橱窗设计基本方法后，接下来就是要考虑整个橱窗设计的变化和组合。

橱窗设计一般是采用平面和空间构成原理，主要利用对称、均衡、呼应、节奏、对比等形式美构成手法，对橱窗进行不同的构思和规划。同时针对每个品牌风格和品牌文化的不同，橱窗的设计也呈现出千姿百态的景象。一般情况下，橱窗的设计风格较难厘定，这

图5-53 道具空间对比橱窗陈列

图5-54 色彩对比橱窗陈列

是由于同一设计方案中多会采用多种设计手法。在这里，为了可以让大家比较清楚地了解橱窗陈列的风格变化，现将两种较常见和典型的设计类型介绍如下：

（一）追求和谐、优美的节奏感

这类橱窗追求一种比较优雅的风格，通过橱窗各元素的组合排列，营造一种犹如音乐般优美的节奏感和旋律感。音乐和橱窗的设计是相通的。在橱窗的设计中隐含着音乐节奏的变化，具体的表现就是商品间的间距、排列方式、色彩深浅和面积的变化、上下位置的穿插，以及橱窗里线条的方向等。一个好的设计师也是对橱窗内各元素的组合排列、节奏变化理解得最透彻的人。

（二）追求夸张、奇异的冲击感

夸张、奇异的设计手法也是橱窗设计中另一种常用的手法，因为这样可以在平凡的创意中脱颖而出，赢得消费者的关注。此种表现手法往往会采用一些非常规的设计手法，以追求视觉上的冲击力。除此之外，也可将一些反常规的元素放置在一起，以期待消费者的关注度。

"你只有10秒钟的机会"，这是我们在橱窗设计中经常提到的一句话。一般的专卖店，门面的宽度一般在8米以内，按照平常人的行进速度，通过的时间大约是10秒钟。怎样在这短短的10秒钟内抓住顾客的目光，就是橱窗设计中的最关键的问题所在。

橱窗的设计方法很多，一个好的橱窗设计师，除了需要熟悉美学和营销的知识，具备扎实的设计功底外，更重要的是我们必须时时刻刻站在顾客的角度去审视。只有这样，橱窗内的商品才能抓住顾客的目光。

第五节　如何将橱窗布置成舞台剧

橱窗是专卖店中有机的组成部分，它不是孤立的。在构思橱窗的设计思路前必须要把橱窗放在整个专卖店中去考虑。另外，橱窗的受众是顾客，我们必须要从顾客的角度去设计规划橱窗里的每一个细节。

一、考虑顾客行进路线

虽然橱窗是静止的，但顾客却是在行走和运动的。因此，橱窗的设计不仅要考虑顾客静止时的观赏角度和最佳视线高度，还要考虑橱窗由远及近的视觉效果，以及穿过橱窗前的"移步即景"的效果。为了确保顾客在远处就可以看到橱窗，我们不仅要在创意上做得与众不同，更要在主题的表现上力求简洁，如果是在夜晚，还要适当地加大橱窗里的灯光亮度。一般橱窗中，灯光亮度要比店堂中提高10%～50%，照度要达到1200～2500LX。另外，顾客在街上的行进路线一般是靠右行的，通过专卖店时，一般是从商店的右侧穿过店面。因此，我们在设计当中，不仅要考虑顾客正面站在橱窗前的视觉感受，也要考虑顾客侧向通过橱窗时所看到的展示效果。

二、突出商品特性

橱窗展示的首要目的是把品牌及商品的物质和精神属性，运用艺术手法和技术手段呈现给受众。橱窗设计首先要符合品牌的文化内涵、传达商品信息、突出产品特性。如果橱窗设计仅仅是追求视觉的刺激，而不能很好地传达商品信息，那么除了让消费者有一个短暂的视觉记忆外，却并不能诱发对其商品的兴趣，这样的设计是失败的。成功的设计要求设计师要深刻理解品牌文化内涵，了解商品的特性、目标消费群的心理特点等。围绕着既定主题，设计师需要总体把握橱窗展示的风格、色调，注重形式与陈列内容的统一和谐。

三、橱窗与商品形成一个整体

橱窗是服饰品专卖店的一个组成部分，在布局上要和专卖店的整体风格相吻合，形成一个统一的整体。特别是通透式的橱窗，不仅要考虑和整个卖场的风格相协调，更要考虑和橱窗相近的几组展柜之间的色彩协调性。

在实际的应用中，有许多设计师在进行橱窗设计时，往往忘了专卖店内部的设计风格。结果我们常常看到这样的景象：橱窗的设计非常简洁，而内部却非常繁复；或者外面非常现代，店内却设计得很古典。

四、引导理解、深化记忆

品牌的内涵与产品设计理念往往是用抽象的文字概念来表达，而橱窗则是用具象的视觉语言来传达品牌和商品的信息。这就要求设计师通过艺术手法将抽象的概念符号转化为形象化的视觉语言，使其与商品组合成一个有机整体，从而创造艺术化的语境氛围、引发消费者的联想、加深对品牌和商品的印象，使企业的文化和品牌形象得到充分理解和记忆，最终实现高效的信息传递和信息接受、消费者对品牌的认同等目的。

第六节　橱窗陈列设计案例欣赏

图5-55　橱窗陈列设计案例欣赏1

图5-56　橱窗陈列设计案例欣赏2

图5-57　橱窗陈列设计案例欣赏3

图5-58　橱窗陈列设计案例欣赏4

本章小结

■ 服饰品橱窗分为封闭式橱窗、敞开式橱窗、半敞开式橱窗三种类型。

■ 服饰品橱窗从朝向可分为前向式橱窗、多向式橱窗和双向式橱窗三种。

■ 橱窗设计要遵循传统的形式美法则，利用对称、均衡的手法进行设计。

■ 在进行橱窗设计时，要考虑顾客的行进路线，突出商品的特点，将橱窗设计与商品形成一个统一的整体。

思考题

1. 橱窗的结构设计有哪几种，从服装品类和珠宝首饰品类上做区别论述。

2. 简述橱窗陈列的几种陈列方式，并说出每种方式的特点。

3. 简述橱窗陈列的设计手法。

专业知识及专业技能——

服饰品陈列设计制作及实施

> **课程名称：** 服饰品陈列设计制作及实施
>
> **课程内容：** 1.满足陈列设计的条件
>
> 2.服饰品陈列设计表现技法
>
> 3.陈列设计手册制作
>
> **上课时数：** 4课时
>
> **教学目的：** 结合图例，介绍陈列设计方案快速表达的几种常用的效果图表现技法，并让学生掌握手册的制作方法。
>
> **教学方法：** 文字讲解与案例介绍相结合。
>
> **教学要求：** 1.使学生了解几种常用的效果图表现技法，尝试用自己喜欢的一种或几种技法来表达设计效果。
>
> 2.使学生了解手册制作的流程，能够基本完成陈列手册的制作。
>
> **课前准备：** 陈列制图的绘图范例，包括服装卖场和服装陈列设计的平面图、立面图；陈列手册的实例，并能对此做出相关的讲解。

第六章　服饰品陈列设计制作及实施

服饰品陈列设计的制作，指的是将计划、设想及解决问题的方法通过视觉的方式表达出来的过程。这一过程对设计师要求较高，需要他们将自己的创意构思，通过一定的媒介表达出来。设计师不仅要会设计制图，还要有良好的工作态度和团结合作的精神，在科学的管理模式下，才能够进一步地将自己的设计完美的表现。

第一节　满足陈列设计的条件

一、科学的陈列管理

（一）管理现状

陈列管理师与相关的人员一起，采用科学的方法，或通过他们按照规范的方法进行陈列终端实施的过程，并通过这一过程建立一个目标明确、理念统一、标准一致的陈列团队。目前相比发达国家而言，我国的陈列在管理上尚未成熟，所以仍存在许多的问题。

1. 缺乏管理意识，陈列师只能疲于奔命

一个服装品牌在全国范围内有几十到几百家店铺不等，类似鄂尔多斯这样的知名品牌在全国有上千家店。当面对这么多店铺的时候，如果只有少数店铺的陈列工作是成功的，那么这只能说明陈列师的工作是失败的。况且，面对这么多店，如果陈列师对每间店铺的陈列都亲力亲为，即使把陈列师累得筋疲力尽，也根本无法完成所有店铺的陈列工作，这就是缺乏管理意识造成的。也许有的品牌会认为现在没有那么多店铺，所以不需要考虑这些，但是一旦陈列师养成这样的工作习惯，将来品牌发展壮大后就会不知所措，甚至连之前做得不错的工作都会受影响。

2. 具体落实陈列工作的人员对品牌的理解不同，陈列风格难以统一

这是我国各企业目前存在的最明显的问题。从店长到区域销售经理，每个人对品牌的理解不同，但都希望把陈列的工作做好，差别只在于他们会根据各自的品位以及对品牌的理解和情感去做陈列。没有统一的标准，结果可能就会出现卖场终端陈列千差万别的情况。由于没有对错的评判标准，陈列师与这些工作人员可能会在很长一段时间内无法达成一致。

（二）管理方式

时装的精髓就在一个"时"字，这个"时"代表时间、时尚，甚至是天时。时装的成功与否就在于是否能够与时俱进，以及能否抓住天时。为了争取时效性，所有的部门都应该争分夺秒，有计划地进行。

1. 加快上市速度，保持商品新鲜

工作人员不仅仅要知道3月份主推风衣、4月份主推衬衫、5月份要陈列短袖和薄纱类服装的基本规律，还要确切知道公司主推哪种颜色、面料、流行元素和概念等，这样才能不断地更新陈列商品，保持视觉上的新鲜感。例如，类似于ZARA这样的国际品牌，每两周会更换一次商品和陈列，不断带给消费者新的视觉享受。

2. 多种形式的管理手段相结合

陈列的工作内容是有形象性和直观性的，在陈列传播工作中，可以根据所陈列商品的基本特点，采用文字和图片相结合的方式进行指导传播，这样能够加深工作人员对企业文化的理解。另外，企业还可以采用公司内部培训、实时监控并撰写监督报告、竞赛评比等方式，提高工作人员和陈列师的能力、增加对企业文化的认同感。

（三）"五师合作"，建立规律管理系统

服饰品陈列实际上是一种视觉营销，是希望通过视觉的感受达到更良好的销售目的。在这个营销过程中，任何一个环节脱节都会影响最终的陈列效果，从而影响店面的销售业绩。只有陈列部门与其他部门紧密合作，才能在最佳时机、以最精确的形式把设计师的理念传递给顾客。所谓的"五师"，是指服装设计师、平面设计师、空间设计师、营销师和陈列师。他们分别通过对服饰品的设计、对店铺平面的规划、对橱窗展示的设计、对销售计划的制订，以及对商品展示的设计五个方面来完成整个服饰品的视觉营销。

二、陈列部门管理细则

（一）建立专业陈列管理部门

管理部门的数量可以参考品牌类型和营销网点的大小而定，通常，休闲装和女装的陈列人员比男装多。一般而言，公司总部的陈列部门工作人员较少，主要的职能为制定总体方案、制作陈列手册、培训陈列师等；区域的陈列部门工作人员直接面向卖场终端，主要的职能为区域陈列师培训、店铺巡逻以及营销监督、店铺陈列指导、重点店铺帮扶等内容。

（二）明确陈列部门的工作范畴

陈列部门的工作主要包括方案设计、规划管理、业务培训和终端实施。从陈列部门

设立起，公司的主管部门就应明确其工作范围。因此，要搞好品牌的陈列管理工作，首先就要明确陈列部门的工作范围。有很多品牌管理公司的陈列师总是倾心于陈列的实施工作，而疏忽了对整个品牌陈列工作的管理。陈列部门的工作范畴主要有以下四个方面：

首先是方案设计。方案设计是终端陈列实施的基础，部门可以根据公司总部提供的"分季店铺陈列指导手册"，分别对春夏和秋冬两季的服装和系列展开规划。这些方案针对于橱窗、货架、流水台等不同的区域，其优劣与否是陈列效果能否实现的基础。

其次，就是规范管理，即用规范的管理制度和检查方式来使卖场陈列规范化。一旦制定基本的陈列规范标准来实施，当这一套标准成功实施后，我们便可将其进行重复应用到往后的陈列设计之中。

再次是业务培训。陈列中有很多涉及视觉艺术的东西，如色彩、造型等。因此，并不是有好的陈列指导手册就万事大吉。由于在终端可能会有很多情况超出规范的范围，有时候必须采取一些变通的方式。在这种情况下，如果一个品牌所有的专卖店都掌握了陈列的知识，那么总部的陈列方案在终端才能得以充分的贯彻和实施。

最后是终端实施。值得注意的是，在针对直营店、旗舰店、新开店的时候，需要加强对店铺的指导和管理，检查现有的方案是否合适，并与店铺的实际情况结合在一起做出及时的调整。

（三）建立互动的陈列管理流程

在终端，影响陈列效果最根本的因素主要有两个：一个是商品，另一个是店铺的设计。因此，要做好陈列工作就必须从这两个源头抓起。首先来谈商品，设计师必须了解卖场终端的状态，陈列师要一起参与商品的规划。只有这样，才能把商品和陈列方式有机地结合在一起。陈列管理所涉及的内容有交叉性，决定了陈列部门的工作方式不能闭门造车，而必须要和公司各部门及终端建立互动的关系，这样才能把陈列融进品牌传播的整个环节中。要建立这样一种互动的关系，就必须在管理中建立一个互动的陈列管理流程。

另外，在店铺工程设计阶段，陈列师要事先做好和店铺设计师的沟通，特别是卖场的通道规划、灯光规划等，合理良好的卖场规划是做好陈列工作的基础。除此之外，在日常的陈列工作中，陈列部门还要随时和公司的营销部门保持紧密联系，随时关注销售情况，在第一时间和营销部门一起改变店铺的陈列方案。建立起一种良性的、互动的工作方式，陈列师、服饰品设计师和店铺设计师在设计商品、设计店铺时就有所沟通，让服饰品设计师了解陈列，让陈列师参与店铺内部的规划。只有这样，才能从根本上解决问题。

（四）制定科学的管理制度

陈列管理是一项科学的管理制度，它在终端是否起效不能单纯地依赖亲自督促，而应依靠科学制度的有效实施。科学的陈列管理制度包括：陈列方案设计及审批制度；店铺日常陈列维护制度；陈列物品管理制度；陈列实施制度；陈列培训制度；新开店开业的陈列扶持制度；建立互动的陈列管理流程；建立陈列工作流程。

（五）建立详细的店铺档案

店铺的陈列档案包含以下方面：公司基本资料、店铺性质（店中店或独立店）、橱窗、图片资料（包括平面图、立面图、灯光图，以及门面、门头、橱窗、店铺货架的实景照片等）。

陈列师在每一个季节到来时都比较忙碌，他总要花费2~3天时间，用电话和各个店铺沟通，把每个店铺的橱窗尺寸重新调查一遍。其实，同样的工作在上一季已经做过，如此重复很耽误时间。因此，在平时就要注意店铺资料的整理和档案的建立。有些品牌虽然已经有店铺的详尽资料，但还是要从陈列角度来收集和整理相关资料。在原有基础上增加一些和陈列有关的内容，使陈列师对每个店铺的基本状态一目了然。建立店铺陈列档案的优点是在进行远程指导时，对各个店铺心中有数，到店指导前也可以预先对资料进行了解并做好方案，还可以针对一些店铺需要的促销活动迅速地回应。

（六）预先制订计划

在工作中经常会看到这样的情况：在一个人数有限的陈列部门中，空闲的时候陈列师可能无事可做，忙的时候则一边要应付陈列的设计和实施，一边要进行陈列培训，一边还要到店为新开的店铺进行陈列辅导，经常忙得顾此失彼。在品牌管理中，要做好陈列管理就必须预先制订详尽计划，做到一切工作都井然有序。

预先的陈列计划，既可以让陈列师合理地规划上级交付的任务，同时也让上级了解每个阶段的工作任务和目标，以便于进行合理的工作分派。通常，品牌的工作任务是以一年度作为时间段，因此在新的阶段将要开始时，必须对新年度中的工作任务和重点进行分解和安排。如果公司总的年度规划还不够明晰，也可以缩短为半年或季度的规划。陈列就是将商品更好地在终端进行销售，因此在制定陈列管理计划前，首先要向公司的设计部门以及营销部门了解以下资料：新产品的设计风格、主题，相关的促销活动，公司各阶段的销售目标，新店的开业情况及订货会等。同时，节日和季节的变化通常都会对销售产生一定影响，有时甚至是销售的高峰，因此还可以把这些元素考虑进来。

（七）手册化传播

目前企业中传达管理方案通常分为两种：一种是口头传达，另一种是书面传达，两种传播方式各有利弊。在陈列中，为了档案管理的便捷，以及保持对专卖店的远程管理，企业多采用书面传达的方式，手册化管理就是其中一种。手册化的指导方式是目前国内外服装品牌对店铺进行远程陈列指导的常用手法，也是一种比较有效的指导手段。

（八）对陈列师的个人能力要求

服饰品陈列是一个由诸多环节组成的系统设计工程，这是一个综合性的设计，作为服饰品陈列的设计师，需要对商品、橱窗、货架、通道、模特、灯光、色彩、音乐、海报等一系列陈列设计元素进行有目的、有组织的科学规划，把商品和品牌的形象与内涵传达给受众。因此，陈列设计师所需的各项专业能力和素质要求都非常高。

1. 服饰品陈列的相关知识和空间造型能力

服饰品陈列设计是一种综合性的艺术表现，设计师需要有敏锐的艺术洞察力和鉴赏力，需要随时关注国内外陈列艺术的发展动态，并了解陈列设计的历史发展和艺术风格。同时，设计师应具备相当的文化修养，对文学、戏剧、电影、音乐、建筑、表演等艺术形式有一定的了解，有较好的欣赏能力和鉴赏水平，能从各类艺术形式中汲取营养，启发创作灵感。

当然，设计师对空间环境的组织和处理能力是首要的。如何更好地运用空间环境，如何选择卖场空间中的货物摆放位置，如何搭配卖场的色彩灯光，以及如何熟练运用效果图和各种设计表现技法来形象地表达自己的设计意图，这些有关建筑和室内设计的问题都是设计师需要了解的。

2. 对现代陈列技术的认知

随着陈列设计的迅速发展，各种新技术、新工艺、新材料应运而生，而陈列设计师们也在设计中不断使用创新手法来应对时代的变迁。因此，作为一个陈列设计师需要有较强的时尚敏感度，能够最快地了解新科技，并能够将这些技术运用到自己的设计中去。电子科技和计算机多媒体技术在现代服饰品陈列设计中有广泛的应用空间，市场使用率也非常高，陈列设计师需要具有勇于探索的精神，来对各种计算机技术在陈列设计领域应用的可能性做大胆地尝试。

3. 公关协调能力和合作意识

陈列设计是一项多层面的社会工作，陈列设计师在工作过程中会与产品设计师、品质管理人员、店长等人员有所交集。所以，现代服饰品陈列设计师应具有经营和服务意识，并且要了解各部门人员的相关信息，包括消费者的需求和喜好，通力合作才能做好品牌的陈列设计。尤其是旗舰店或奢侈品店的陈列设计负责人，他们更应该具有良好的组织能力和公共关系协调能力，有较强的人际交往能力和合作意识，善于统筹规划，协调各部门、各环节的工作进展。

第二节 服饰品陈列设计表现技法

一、平面图表现技法

陈列设计中的平面图是以正投影原理绘制出的水平投影图，一般要能体现出水平投影方向的展示规模、区域划分和构成。特别是大型旗舰店的总平面图，要体现出整个卖场空间的规模、方位、通道走向及空间构成的设计等。

设计平面图的时候，要考虑顾客的流向、流量和流速，考虑在货品前停留的时间，防止过于密集或疏散的失调现象。在设计时，不仅要考虑整个卖场的空间组合关系，还要考虑道具与空间、道具与道具、道具与顾客，以及照明、时空变化等综合因素。陈列空间的构成要点在于空间组合安排要有序、科学、合理，且空间的形态和联系要有变化（图6–1）。

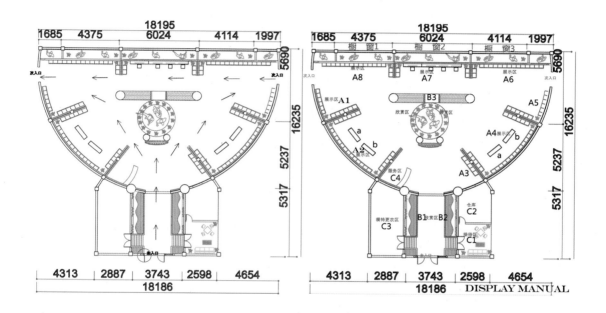

图6-1　平面图

二、立面图表现技法

立面图反映的是竖向的空间关系、摊位的立面空间划分、陈列道具的立面造型及陈列的立面位置等。具有比较显著的外貌特征的那一面称为正立面图，其余的立面可称为背立面图和侧立面图（图6-2、图6-3）。

三、服饰品陈列设计效果图表现

效果图也称为设计预想图、表现图，能够形象地表现出陈列设计工程实施后的效果。效果图不仅能够为设计方进行设计意图的修改、分析、研究、方案选择提供了有效的手段，也为业主、审批者和施工方提供了判断和评价的依据，因此，服饰品陈列设计效果图更要满足人们的视觉感受和功能需要。

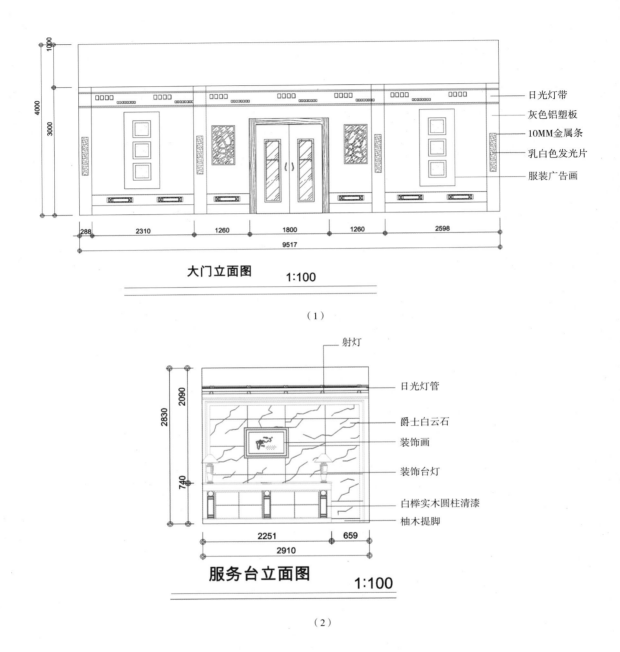

（1）

（2）

图6-2 卖场内立面图

（一）钢笔淡彩表现法

此方法通常是用碳素墨水加照相透明色（或水彩色）来表现，适宜设计方案的快速表达，通常推崇画面的留白效果。其具体画法是：先以倾向于陈列空间主色调的灰色打底，将表现的画面形象拷贝在纸上，用黑色钢笔打出轮廓，再以色彩层层渲染出素描关系，最后用高饱和度的亮色绘制出高光部分（图6-4）。

图6-3　3D空间立体展示

图6-4　学生钢笔淡彩表现法作品

（二）麦克笔表现法

麦克笔有油性和水性之分，粗细有别，具有速干、着色简便、饱和度高、绘制速度快等特点其画面风格豪放，画法类似于草图或速写，是较为常用的效果图快速表现手法（图6-5）。

图6-5 学生麦克笔表现法作品

（三）彩色铅笔表现法

彩色铅笔颜色繁多，有独特的表现力和肌理效果，可运用素描技法配合彩色铅笔的使用来完成服饰品陈列设计效果图的表现。彩色铅笔是一种简便、快捷、特殊的陈列设计方案表达工具（图6-6）。

图6-6 学生彩色铅笔表现法作品

第三节 陈列设计手册制作

一、制订方案

由于品牌形象是通过顾客的实际感受和体验而形成的，所以，一个有效的品牌形象设计方案的基本要求：通过营销系统以及商品与视觉系统的整合，最终转化为以顾客体验为核心的终端体验识别系统。也就是说，服装商品利用店铺视觉环境、空间环境、展示环境等环境条件，形成顾客的视觉感受、听觉感受、行为感受、心理感受，使顾客在卖场得到一个完整的生活环境的体验过程。

顾客对于品牌的直观感受和切实体验，是顾客在卖场与商品进行接触时形成的。因此，对于一个品牌陈列设计方案非常重要的一点，就是通过商品与卖场环境的有机结合，使顾客形成一种真实的感受，这种感受又使顾客产生一种能够引起内心共鸣的情感体验，从而使顾客产生购买行为。

总之，我们要把握以下几点：首先是环境设计要素具有象征意义；其次是商品陈列具有特定的生活情境表达；最后是商品与环境具有意义上的一致。

二、陈列设计手册主体框架

任何一个品牌，在陈列之前都要经过详细的计划和科学的规划。从店铺选址到卖场陈列销售，有效的陈列方法能够帮助我们获得更高的利润。所以，陈列手册的出现可以最直观、系统地体现当季店铺的陈列状态，是一种工业化的体现，包括空间规划、色彩运用、道具使用、陈列规则、按照商品上货时间出样等。

如何制作陈列手册没有统一的标准，仅需根据品牌自身的需要以及满足品牌陈列的施工要求即可，现将其框架结构总结如下：

第一部分 目录：目录是一本手册的提纲，我们可以根据目录清楚地知道这本手册所包含的内容，每个公司的重点不同，所以手册的目录各有侧重，但是作为手册第一部分，简单、概括、有序是对目录的基本要求。

第二部分 陈列基本方式：这个部分主要包含该品牌这一个季度采取什么样的陈列模式，是选择正挂还是侧挂或者是叠装，这是陈列手册的首要部分。

案例：卡宾品牌陈列设计案例（图6-7～图6-13）

图6-7 目录

图6-8　正挂架系列及组成元素　　　　　　　　图6-9　侧挂架图例1

侧挂架B1尺寸：1.27米　　　　侧挂架B2尺寸：1米

图6-10　侧挂架图例2

图6-11　侧挂架图例3

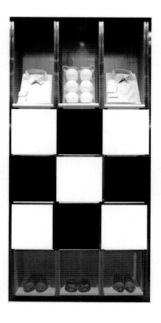

图6-12　层板架图例

图6-13　组合架图例

第三部分　中岛陈列：明确指出这个区域所使用的道具和陈列方式。

案例：卡宾品牌中岛设计案例（图6-14～图6-16）

图6-14　中岛陈列道具

图6-15　卡宾品牌中岛陈列模式1

图6-16　卡宾品牌中岛陈列模式2

　　第四部分　道具的使用：道具往往是决定卖场陈列效果的重要因素，所以在选择的时候要根据陈列设计的整体风格来决定。这里的道具包括人台和其他辅助道具。

　　案例：卡宾品牌道具使用（图6-17 ~ 图6-20）

　　第五部分　特殊辅助区域陈列：这是一些隐蔽的区域，不是卖场的主打区，但是也直接影响

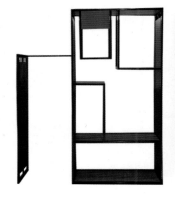

图6-17　卡宾品牌的高低架道具

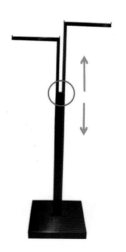

图6-18　卡宾品牌的中岛衣架

图6-19　卡宾品牌的各式道具

图6-20　卡宾品牌的广告指示牌

卖场的销售情况与品牌的形象塑造，如收银台、试衣间等。

　　案例：卡宾品牌的收银台、试衣间凳子（图6-21～图6-23）

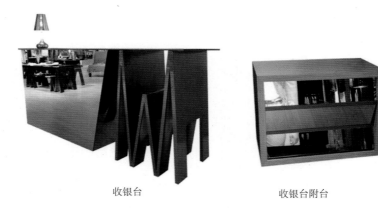

收银台　　　　　　　　　　　　　　收银台附台

图6-21　卡宾品牌的收银台陈列

试衣间凳

都市靠背沙发

书报架

图6-22　卡宾品牌的试衣间陈列物品　　　　图6-23　卡宾品牌休息区的陈列物品

第六部分　附加说明：

这一部分主要是对服饰品陈列进行补充说明。一部分商品，由于它特殊的商品属性、面料构造等，需要有专门的保养方式，包括如何洗涤、如何熨烫、如何折叠等。卖场可以呈现给消费者最直观的示范，而陈列手册中，也应该针对相关的产品做出类似的方案。

案例：卡宾品牌的衣物摆放方式（图6-24）

图6-24　卡宾品牌的衣物叠放方式

本章小结

■ 服饰品陈列需要拥有科学的管理模式，建立专门的管理部门，制定明确的管理职责。

■ 服饰品陈列的表现技法有平面图和立面图。

■ 服饰品陈列效果图的表现方式有钢笔淡彩表现法、麦克笔表现法和彩色铅笔表现法三种。

■ 陈列手册的制作内容包括目录、基本陈列方式、中岛陈列、道具使用、特殊辅助区域陈列、附加说明。

思考题

1. 陈列设计所具备的管理条件有哪些?

2. 制作一本陈列手册,要求所述内容详尽。

参考文献

[1] 张立，王芙亭．服装展示设计[M]．北京：中国纺织出版社，2009.

[2] 韩阳．卖场陈列设计——服装视觉营销实战培训[M]．北京：中国纺织出版社，2006.

[3] 王芝湘，王晶．旺铺赢家系列——实战卖场陈列设计与实例[M]．北京：化学工业出版社，2011.

[4] 孙雪飞．服装展示设计教程[M]．上海：东华大学出版社，2008.

[5] 金顺九，李美荣．视觉、服装、终端卖场陈列规划[M]．北京：中国纺织出版社，2007.

[6] 马大力，徐军．服装展示技术[M]．北京：中国纺织出版社，2006.

[7] 马大力，周睿．卖场陈列——无声促销的商品展示[M]．北京：中国纺织出版社，2006.

[8] 申柯雅，王昶．珠宝首饰营销学[M]．武汉：中国地质大学出版社，2002.

[9] 李光耀．室内照明设计与工程[M]．北京：化学工业出版社，2007.